智能制造领域高素质技术技能人才培养系列教材

"十三五"江苏省高等学校重点教材

（编号：2019-2-060）

数控编程与操作项目式教程

主　编　刘萍萍

副主编　吴晓燕

参　编　朱孔雷　崔业军

机械工业出版社

本书为"十三五"江苏省高等学校重点教材，内容由阶梯轴的数控加工工艺设计与编程、圆弧面轴的数控加工工艺设计与编程、螺纹轴的数控加工工艺设计与编程、多槽椭圆轴的数控加工工艺设计与编程、凸模零件的数控加工工艺设计与编程、法兰盘的数控加工工艺设计与编程六个项目组成，包括数控车削、铣削加工工艺设计、数控加工程序编制、数控仿真加工的相关知识。采用上海宇龙数控仿真软件进行仿真加工。

本书可作为高职院校机械制造与自动化、数控技术、模具设计与制造等专业的教材，也可作为数控工艺员、数控机床操作员、数控程序员等岗位技术人员的培训用书。

为方便教学，本书配有课件、课后习题答案、动画、数控仿真加工视频、数控仿真加工源文件、模拟试卷及答案等，供教师参考。凡选用本书作为授课教材的教师，可登录机械工业出版社教育服务网（www.cmpedu.com），注册后可免费下载，或来电（010-88379564）索取。

图书在版编目（CIP）数据

数控编程与操作项目式教程/刘萍萍主编 .—北京：机械工业出版社，2020.6
（2022.8 重印）
智能制造领域高素质技术技能人才培养系列教材
ISBN 978-7-111-65847-4

Ⅰ.①数… Ⅱ.①刘… Ⅲ.①数控机床-程序设计-教材 ②数控机床-操作-教材
Ⅳ.①TG659.022

中国版本图书馆 CIP 数据核字（2020）第 100278 号

机械工业出版社（北京市百万庄大街22号 邮政编码100037）
策划编辑：冯睿娟 责任编辑：冯睿娟 王海霞
责任校对：李 杉 封面设计：鞠 扬
责任印制：单爱军
北京虎彩文化传播有限公司印刷
2022 年 8 月第 1 版第 4 次印刷
184mm×260mm · 11.5 印张 · 284 千字
标准书号：ISBN 978-7-111-65847-4
定价：39.00 元

电话服务	网络服务	
客服电话：010-88361066	机 工 官 网：www.cmpbook.com
010-88379833	机 工 官 博：weibo.com/cmp1952
010-68326294	金 书 网：www.golden-book.com
封底无防伪标均为盗版	机工教育服务网：www.cmpedu.com

前　言

当前，以智能制造为代表的新一轮产业变革迅猛发展，数字化、网络化、智能化日益成为制造业发展的主要趋势。为加速我国制造业转型升级、提质增效，国务院发布实施《中国制造2025》，将智能制造作为主攻方向，加速培育我国新的经济增长动力，抢占新一轮产业竞争制高点。目前，我国制造业机械化、电气化、自动化、信息化并存，不同地区、不同行业、不同企业发展不平衡，发展智能制造面临关键技术装备受制于人，智能制造标准、软件、网络、信息安全基础薄弱，智能制造新模式推广尚未起步，智能化集成应用发展缓慢等突出问题。因此，作为一项必须长期坚持的战略任务，推动我国制造业智能转型，环境更复杂、形势更严峻、任务更艰巨。数控技术是智能制造系统的动力源泉，集机械制造、自动控制、微电子、信息处理等技术于一身，在实现制造自动化、集成化、网络化的过程中占据着举足轻重的地位。

作为培养数控专业人才的教材，本书具有如下特点：

1. 以任务为载体搭建数控编程与操作的知识体系，将知识点和技能点分成碎片融入任务中。

2. 运用上海宇龙数控仿真软件对书中的每一个任务案例进行仿真加工模拟，各案例的工艺设计、程序编制、仿真加工均按照工程实际流程进行，实现了教学与生产的无缝对接。

3. 配套资源丰富，配有二维码、课件、动画、视频、仿真源文件等教学和学习资源，使教师时时可教学，学生时时可学习。

本书由刘萍萍任主编，吴晓燕任副主编。本书的编写分工为：刘萍萍编写项目一、项目三、项目四、任务6.3；吴晓燕编写项目二；朱孔雷编写任务5.1、任务5.3；崔业军编写任务5.2、任务6.1、任务6.2。

本书在编写时参考了部分同行教材，在此向有关作者表示感谢！

由于编者水平有限，书中难免存在不当之处，恳请各位专家及广大读者批评指正。

编　者

目　录

前　言

学习领域一

▶▶▶ 数控车削工艺与编程

数控车床是数控机床中应用最为广泛的机床之一，约占数控机床总数的25%，其加工效率高、加工精度高，可进行轴类、套类、盘类等回转体零件的加工，也可以切槽、钻孔、扩孔、铰孔等。数控车床的结构和加工工艺与普通车床类似，但由于数控车床是由计算机数字化信号控制的机床，因此，它能够实现的加工工艺比普通车床多。数控车削加工工艺是以普通车削加工工艺为基础，结合数控车床的特点，综合运用多方面的知识来解决数控车削加工过程中的工艺问题。

数控车削编程是实现数控车削加工的关键，是将全部车削工艺参数用编程指令表示出来，输入数控装置后转化成对机床的控制动作的过程。本学习领域基于工程实际介绍数控车削工艺与编程的基本知识和基本原则，以实现数控车削加工优质、高产、低耗的目标。

阶梯轴的数控加工工艺设计与编程

图 1-1 所示为阶梯轴零件图，零件材料为 45 钢，单件生产。要求分析其数控加工工艺，填写数控加工工序卡、数控加工刀具卡等，编制其数控加工程序并进行数控仿真加工。

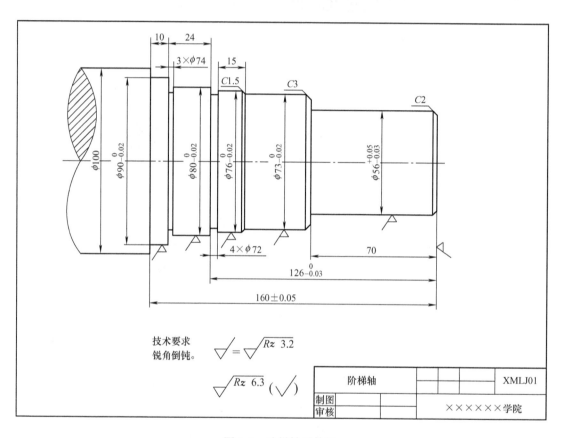

图 1-1　阶梯轴零件图

任务 1.1　阶梯轴数控加工工艺设计

■ 【任务目标】

通过本任务的实施，了解和掌握数控技术的概念，数控机床的概念和分类，数控车床的组成、分类、加工对象，数控车削工艺分析的内容，能编制阶梯轴的数控加工工序卡、刀具卡及数控加工程序。

【任务资讯】

(一) 数控技术

数控技术是数字控制 (Numerical Control, NC) 技术的简称, 是指用数值数据控制装置, 在运行过程中不断引入数值数据, 从而对某一生产过程进行自动控制, 按事先编制的加工程序自动对工件进行加工。随着科学技术的发展, 有些数控系统采用专用或通用计算机及控制软件与相关电气元件一起实现数控功能, 称为计算机数控 (Computer Numerical Control, CNC) 系统。

(二) 数控机床

数控机床是指安装了数控系统的机床, 是集精密机械技术、电子技术、信息技术、计算机及软件技术和自动控制技术于一体的机械制造主流装备, 具有效率高、精度高、自动化程度高、柔性好等特点。数控机床在计算机控制系统的控制下, 按照一定的加工指令控制主轴系统、进给系统、刀具库系统和冷却系统等辅助设备的工作。

常用的数控机床有数控车床、数控铣床、数控加工中心、数控镗床、数控钻床、数控组合压力机等。

(三) 数控车床

1. 数控车床的组成

数控车床主要由输入/输出 (I/O) 装置、数控装置、伺服系统、辅助装置、检测反馈装置和机床本体六部分组成, 如图 1-2 所示。

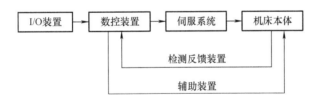

图 1-2　数控车床组成示意图

(1) 输入/输出装置　数控车床是按照编程人员编制的数控加工程序运行的。数控加工程序以一定的格式和代码存储在某种载体上, 如穿孔纸带、磁带、磁盘、硬盘等, 程序载体称为控制介质。

输入装置的作用是将控制介质上的有关加工信息读入数控装置, 输入内容和数控装置的工作状态可以通过输出装置来观察。根据控制介质的不同, 输入装置可以是光电阅读机、录放机、磁盘驱动器等; 也可以不用任何载体, 而是通过数控车床操作面板上的键盘, 手工将程序输入数控装置; 还可以由计算机编程后, 用通信的方式传送到数控装置中。输出装置主要有 CRT 显示器。

(2) 数控装置　数控装置是数控车床的核心, 其作用是接收由输入装置输入的加工信息, 进行各种数据计算和逻辑判断处理, 向伺服驱动系统和辅助控制装置发出各种指令信息, 控制机床各部分执行规定的动作。数控装置一般由专用或通用计算机、输入输出接口板、可编程序控制器 (PLC) 等组成。可编程序控制器主要用于控制数控车床辅助功能、主轴转速功能和刀具功能。

（3）伺服系统　伺服系统是数控车床的执行部件，主要由伺服电动机、驱动控制系统组成。伺服系统的作用是接收来自数控装置的指令信息，经驱动控制系统进行功率放大后，严格按照指令信息的要求驱动电动机，带动机床的运动部件完成指令规定的运动，加工出合格的零件。

（4）辅助装置　辅助装置的作用是接收数控装置发出的开关命令（如主运动换向、变速、起停、刀具的选择和交换等），经编译、逻辑运算和功率放大后直接驱动相应的电器，带动机床机械部件、液压及气动等辅助装置，包括换刀装置、对刀仪、液压装置、润滑装置、气动装置、冷却系统和排屑装置等，完成指令规定的动作。

（5）检测反馈装置　检测反馈装置由检测元件和相应的电路组成，主要用于检测速度和位移，并将信息反馈给数控装置，实现闭环控制，以保证数控车床的加工精度。

（6）机床本体　机床本体是数控车床的机械结构实体，它的作用是完成各种切削加工。与普通车床相比，数控车床的主体结构也是由主传动系统、进给传动系统、工作台、刀架、床身和辅助装置组成的，但要求其具有传动链短、结构简单、床身刚度好、热变形小、摩擦系数小、抗振性好等符合数控加工要求的特点。

2. 数控车床的分类

随着现代制造技术的不断发展，数控车床种类繁多，分类方法各不相同，一般按照以下几种方法分类。

（1）按数控车床主轴位置分类

1）立式数控车床。立式数控车床主轴处于垂直位置，主要用于加工径向尺寸较大的大型复杂零件，如图1-3a所示。

2）卧式数控车床。卧式数控车床主轴处于水平位置，主要用于加工径向尺寸较小的回转体类零件，是目前使用最广泛的数控车床，如图1-3b所示。

a) 立式数控车床　　　　　　　b) 卧式数控车床

图1-3　数控车床

（2）按功能分类

1）经济型数控车床。经济型数控车床是在卧式车床的基础上进行改进设计，采用步进电动机和单片机进行控制，成本较低、自动化程度不高、功能不多、加工精度一般，主要用于精度要求不高的回转体类零件的车削。

2）全功能型数控车床。全功能型数控车床就是普通数控车床，是在普通车床的结构上进行改进设计并配备通用数控系统，具有刀尖半径补偿、恒线速度、螺纹车削、图形仿真等功能，自动化程度和加工精度高，可同时控制 X、Z 两轴，主要用于一般回转体类零件的车削。

3）数控车削中心。数控车削中心是在普通数控车床的基础上，增加了 C 轴和铣削动力头，更高级的车削中心还带有刀库，可控制 X、Z、C 三轴，联动控制轴可以是（X，Z）、（X，C）、（Z，C）。由于增加了 C 轴和铣削动力头，数控车削中心除具有全功能型数控车床的功能外，还可以进行径向和轴向铣削、曲面铣削以及偏心孔和径向孔钻削等加工，如图 1-4 所示。

图 1-4　数控车削中心

4）FMC 车床。FMC（Flexible Manufacturing Cell）车床是一个柔性制造单元，它由数控车床和机器人或机械手组成，具有自动加工功能和自动传送、监管功能。

（3）按数控系统分类　按所配置的数控系统，数控车床可分为西门子（SIEMENS）数控车床、发那科（FANUC）数控车床、广州数控车床、华中数控车床等，其中以德国西门子数控系统和日本发那科数控系统应用最为广泛。每种数控系统又有多种型号，如西门子数控系统有 SINUMERIK 802S/C、802D、840D 等型号；发那科数控系统型号则是从 0i 系列到 23i 系列，其中 0 - TC、TD 型号主要用于数控车床，数控系统和型号不同，其编程指令和格式也不相同，使用时应以数控系统说明书为准。本书介绍 FANUC 0i Mate - TC 数控系统机床和 SINUMERIK 802S/C 数控系统机床的应用。

3. 数控车床的加工对象

在数控车床中，工件的旋转运动是切削主运动，车刀的直线运动是切削进给运动，因此，其主要加工对象是回转体类零件，车削加工内容有车外圆、车端面、切断和车槽、车螺纹、车圆锥面、钻孔、铰孔、镗孔、攻螺纹等，具体适合加工的零件类型如下。

（1）表面精度要求高的零件　数控车床刚性好、制造和对刀精度高，能方便和精确地进行人工补偿和自动补偿，因此能加工尺寸精度要求较高的零件。数控车床工序集中，一次装夹能完成加工的内容较多，因此能加工位置精度要求较高的零件。

（2）表面形状复杂的零件　数控车床具有直线插补和圆弧插补功能，因此能车削由任意曲线轮廓组成的表面形状复杂的回转体类零件。

（3）带特殊螺纹的回转体类零件　数控车床能加工等导程、变导程的圆柱螺纹、圆锥螺纹、端面螺纹，也能加工增导程、减导程和在等导程与变导程之间平滑过渡的螺纹。

（4）表面粗糙度值要求较小的零件　数控车床具有恒线速度车削功能，能加工出表面粗糙度值小而均匀的零件；同时，对于表面粗糙度要求不同的零件，通过采用不同的进给速度，也能实现对其的加工。

（四）数控车削加工工艺设计

1. 数控车削加工工艺设计的内容

合格的数控编程人员也一定是合格的数控工艺设计人员，数控工艺的制定涉及数控程序编制、生产率、加工精度等多个方面。一般来说，数控车削加工工艺设计主要包括以下内容：

（1）分析零件结构，确定加工方案　分析零件图样，根据零件的材料、结构、精度、技术要求等选择合适的加工方案，使用合适的数控机床，确定合理的加工方法。

（2）零件的定位与装夹　根据零件的加工要求，选择合理的定位基准，并根据零件生产批量、精度及加工成本选择合适的夹具，完成零件的装夹和找正。

（3）刀具的选择与安装　根据零件的加工工艺性与结构工艺性，选择合适的刀具材料与刀具种类，完成刀具的安装和对刀。

（4）加工路线的确定　加工路线是根据刀具沿零件表面运动产生切削后形成零件的轮廓而确定的，是从切削开始到切削结束刀具所经过的路径，其确定的一般原则为：尽量缩短走刀路线，减少空刀时间，提高生产率；有利于简化数值计算，减少编程工作量；保证被加工零件的精度和表面粗糙度要求。

（5）切削用量的确定　切削用量包括背吃刀量、进给速度或进给率、切削速度等。切削用量的具体数值应根据数控车床使用说明书的规定、被加工零件的材料、加工工序、其他工艺要求和实际经验等综合确定。

（6）数控加工程序的编制　根据零件的加工要求，对零件进行编程，并经初步校验后，将程序通过控制介质或手动方式输入数控车削系统。

（7）试切、加工及质量分析　程序编制完成输入数控系统后，对所输入的程序要进行试运行，一般采用零进给切削、仿真加工或铝件材料试切削等方法，程序经检测无误后进入数控加工阶段。在工件入库前，还要进行工件的检验，并通过质量分析，找出产生误差的原因，得出纠正误差的方法。

2. 数控加工工艺文件

编写数控加工工艺文件是数控加工工艺设计的内容之一。工艺文件既是数控加工和产品验收的依据，也是操作者要遵守和执行的规程，还是以后产品零件加工生产在技术上的工艺资料的积累和储备，是编程人员在编制数控加工程序单时完成的相关技术文件。数控机床和加工要求不同，工艺文件的内容和格式也有所不同，目前我国对此并无统一的标准，各企业可根据本单位的特点制定相应的工艺文件。一般数控加工工艺文件主要包括数控编程任务书、数控加工工件装夹和加工原点设定卡、数控加工工序卡、数控加工走刀路线卡、数控加工刀具卡、数控加工程序单等。

（1）数控编程任务书　数控编程任务书列出了工艺人员对数控加工工序的技术要求、工序说明、数控加工前应保证的加工余量，是编程人员与工艺人员协调工作和编制数控程序的重要依据之一，其格式见表1-1。

表 1-1　数控编程任务书

×××工艺处	数控编程任务书	产品零件图号		任务书编号	
		零件名称			
		使用数控设备		共　页　第　页	

主要工序说明及技术要求

编程收到日期		月　日		经手人		批准		
编制		审核		编程		审核		批准

（2）数控加工工件装夹和加工原点设定卡　数控加工工件装夹和加工原点设定卡中要标明数控加工原点、工件坐标系、定位方法、夹紧方法、使用的夹具等，其格式见表1-2。

表 1-2　数控加工工件装夹和加工原点设定卡

零件图号	JS0102-4	数控加工工件装夹和加工原点设定卡	工序号	
零件名称	行星架		装夹次数	

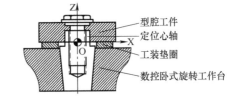

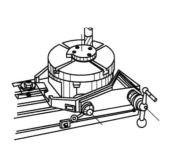

加工示意图

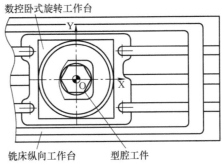

工件坐标系与坐标原点设定图

				3	梯形槽螺栓	
				2	压板	
				1	夹具板	
编制日期	审核日期	批准日期	第　页			
			共　页	序号	夹具名称	夹具图号

（3）数控加工工序卡　数控加工工序卡应包含所用机床型号、零件名称、零件材料、程序号、所用刀具名称或代号、夹具、切削用量等内容，是编程人员编程时必须遵循的基本工艺文件，也是指导操作人员进行数控车床操作和加工的主要资料。其格式见表1-3。

表1-3　数控加工工序卡

××××数控加工工序卡						
零件名称		加工方法			零件图号	
机床型号		夹具			零件材料	
序号	工步内容	刀具名称或代号	主轴转速/（r/min）	进给速度	背吃刀量/mm	加工控制
1						
2						
3						
4						
5						
6						
编制		审核		批准		日期

（4）数控加工走刀路线　在数控加工中，常常要注意并防止刀具在运动过程中与夹具或工件发生意外碰撞，因此，必须设法告诉操作者编程中刀具的走刀路线，如在哪里下刀、在哪里提刀、哪里是螺旋下刀等，数控加工走刀路线就是具备这种功能的工艺文件。为简化走刀路线，一般用统一约定的符号表示。其格式见表1-4。

表1-4　数控加工走刀路线卡

数控加工走刀路线图		零件图号		工序号		工步号		程序号	
机床型号		程序段号		加工内容				共　页	第　页

[图：走刀路线图，含坐标轴 Y、X、O、Z40、Z-16，标注点 A、B、C、D、E、F、G、H、I]

程序说明
编程
校对
审批

符号	⊙	⊗	●	○—→	—→	←—↓	⇒
含义	提刀	下刀	编程原点	起刀点	进给方向	进给路线相交	行切

（5）数控加工刀具卡　数控加工对刀具的要求十分严格，一般要在机外对刀仪上预先调整好刀具直径和长度。数控加工刀具卡主要反映刀具号、刀具名称、刀具材料、刀具数量、加工内容、刀补等内容，是组装刀具和调整刀具的依据。其格式见表1-5。

表 1-5　数控加工刀具卡

××××数控加工刀具卡						
序号	刀具号	刀具名称	刀具材料	数量	加工内容	刀补
编制		审核		批准		日期

（6）数控加工程序单　数控加工程序单是编程人员根据工艺分析情况，经过数值计算，按照数控车床的程序格式和指令代码编制的。它是记录数控加工工艺过程、工艺参数、位移数据的清单，以及手动数据输入、数控加工的主要依据，同时可帮助操作人员正确理解加工程序内容。其格式见表 1-6。

表 1-6　数控加工程序单

××××数控加工程序单				程序号		
零件号		零件名称		编制		审核	
程序段号	程序段					注释

3. 数控车刀的分类

选择数控车削刀具时，通常要考虑数控车床的加工能力、工序内容、工件材料等因素，要求刀具的精度高、刚度好、寿命长、尺寸稳定、安装调整方便。

（1）按结构分类

1）焊接式车刀　这类车刀是将硬质合金刀片用焊接的方法固定在刀体上，形成一个整体，刀具结构简单、制造方便、刚性好，缺点是一旦刀片损坏，刀柄不能重复使用，造成浪费。

2）机夹固定式可转位车刀　这类刀具的结构通常包括刀柄、刀片、刀垫、夹紧元件等，刀片每边都有切削刃，当某切削刃磨损钝化后，只需松开夹紧元件，将刀片转一个位置就可以继续使用，减少了换刀时间，方便对刀。其结构和种类如图 1-5 所示。

3）减振式车刀　当刀具的工作长度与直径之比大于 4 时，为了减少刀具的振动，提高加工精度，可采用减振式车刀。

4）内冷式车刀　内冷式车刀的切削液通过机床主轴或刀盘流到刀体内部，并从喷孔喷射到刀具切削刃部位。

（2）按刀具材料分类　数控车刀按所用材料可分为高速工具钢刀具、硬质合金刀具、陶瓷刀具、立方氮化硼刀具、聚晶金刚石刀具等，最常用的是硬质合金刀具。

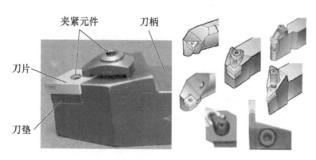

图 1-5　机夹固定式可转位车刀

（3）按加工内容分类　数控车刀按加工内容可分为外圆车刀、外切槽切断刀、外螺纹车刀、内孔车刀、内切槽刀、内螺纹车刀、镗孔刀、铰孔刀等。还可按进给方向分为右偏刀、左偏刀和尖刀，从刀架所在一侧看，从右往左进给的为右偏刀，从左往右进给的为左偏刀，可沿左右两个方向进给的为尖刀，如图 1-6 所示。

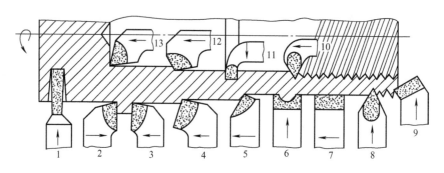

图 1-6　车刀种类

1—切断刀　2—90°左偏刀　3—90°右偏刀　4—弯头车刀　5—直头车刀　6—成形车刀　7—宽刃精车刀
8—外螺纹车刀　9—端面车刀　10—内螺纹车刀　11—内切槽刀　12—通孔车刀　13—不通孔车刀

4. 外圆车刀

外圆车刀主要用来车削外回转面，在形状上有开断屑槽和不开断屑槽之分。刀具角度有主偏角、副偏角、前角、后角、刃倾角，根据所加工材料以及粗、精加工和加工表面形状等因素选择刀具角度。目前，数控外圆车刀普遍采用焊接式硬质合金车刀和机夹固定式可转位车刀。图 1-7 所示为各种主偏角的外圆车刀及其加工过程。

a) 各种主偏角的外圆车刀　　　　　　　　b) 外圆车刀的加工过程

图 1-7　外圆车刀

5. 切槽切断刀

切槽切断刀用来车削回转沟槽和切断工件，以左刀尖点为基准点。图1-8所示为切槽切断刀及其加工过程。

a) 切槽切断刀的外形

b) 切断刀的加工过程

图1-8　切槽切断刀

6. 切削用量

在机械制造中，切削用量是指机床切削加工中的切削速度 v_c、进给量 f 或进给速度 v_f 和背吃刀量 a_p，如图1-9所示。

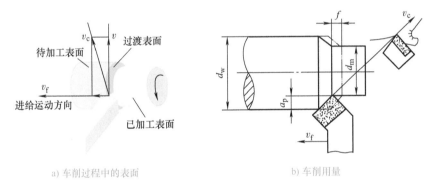

a) 车削过程中的表面

b) 车削用量

图1-9　切削用量

由于切削用量直接影响机床的功率消耗、加工效率、工件的加工精度和表面质量，因此，合理选择切削用量是数控车床切削加工的重要内容。在切削用量三要素中，切削力主要与背吃刀量成正比，而切削速度的增加几乎对切削力没有影响。但切削速度的增加是切削热增加的主要原因。切削力的增加将降低加工系统的刚度，切削热的增加将降低刀具的使用寿命。切削力和切削热的增加都将影响加工精度，必须通过合理选择切削用量和采取辅助措施来降低切削力和减少切削热。

（1）背吃刀量 a_p　对于车削加工而言，背吃刀量 a_p 是指工件上已加工表面和待加工表面间的垂直距离，如图1-9b所示，即

$$a_p = (d_w - d_m)/2 \tag{1-1}$$

式中，a_p 为背吃刀量（mm）；d_w 为工件待加工表面直径（mm）；d_m 为工件已加工表面直径（mm）。

（2）进给量 f 或进给速度 v_f　进给量是指工件每转一转，刀具在进给方向上相对工件的

位移量，单位为 mm/r；进给速度是指单位时间内在进给方向上的相对位移量，单位为 mm/min，如图 1-9b 所示。

（3）切削速度 v_c　切削速度是指切削刃上选定点相对于工件主运动的瞬时速度。计算切削速度时，应取切削刃上速度最高的点进行计算，其计算公式为

$$v_c = \pi d_w n / 1000 \qquad (1-2)$$

式中，v_c 为切削速度（m/min）；d_w 为待加工表面直径（mm）；n 为工件转速（r/min）。

 【任务实施】

1. 零件结构分析

图 1-1 所示阶梯轴的结构由外圆柱面和槽组成，其三维结构如图 1-10 所示。根据零件的总体尺寸，确定毛坯为 $\phi100mm \times 200mm$ 的棒料，材料为 45 钢。零件直径方向需要保证的尺寸为 $\phi56^{+0.05}_{-0.03}mm$、$\phi73^{0}_{-0.02}mm$、$\phi76^{0}_{-0.02}mm$、$\phi80^{0}_{-0.02}mm$、$\phi90^{0}_{-0.02}mm$，长度方向需要保证的尺寸为 $70^{0}_{-0.03}mm$、$126^{0}_{-0.03}mm$、$(160 \pm 0.05)mm$，两沟槽的尺寸分别为 $3mm \times \phi74mm$、$4mm \times \phi72mm$。

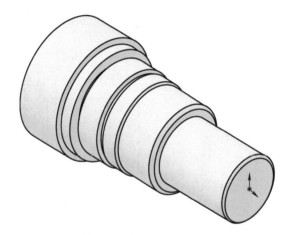

图 1-10　阶梯轴三维结构

2. 车削工艺分析

采用自定心卡盘装夹零件左侧，留足够的加工长度，加工路线如图 1-11 所示，数控加工工序卡见表 1-7，数控加工刀具卡见表 1-8。

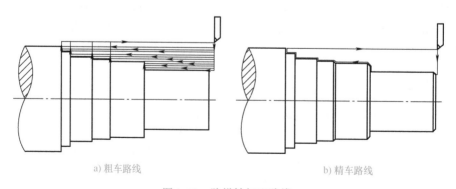

a) 粗车路线　　　　　　　　　　b) 精车路线

图 1-11　阶梯轴加工路线

表 1-7   阶梯轴数控加工工序卡

阶梯轴数控加工工序卡						
零件名称	阶梯轴	加工方法	数控车		零件图号	XMLJ01
机床型号	CK6140	夹具	自定心卡盘		零件材料	45 钢
序号	工步内容	刀具名称代号	主轴转速 /(r/min)	进给速度	背吃刀量/mm	加工控制
1	安装工件					手动
2	平端面	T01	1000	0.5mm/r	2	
3	粗车外圆轮廓	T01	1000	100mm/min	1~2	自动 程序 O0001
4	精车外圆轮廓	T01	2000	50mm/min	0.5	
5	切槽	T02	600	30mm/min		
6	切断	T02	600	30mm/min		
编制		审核		批准	日期	

表 1-8   阶梯轴数控加工刀具卡

阶梯轴数控加工刀具卡						
序号	刀具号	刀具名称	刀具材料	数量	加工内容	刀补
1	T01	90°外圆车刀	硬质合金	1	车端面、粗、精车外圆	
2	T02	3mm 切槽刀		1	切槽、切断	
编制		审核		批准	日期	

【任务考核】

任务 1.1 评价表见表 1-9，采用得分制，本任务在课程考核成绩中的比例为 10%。

表 1-9   任务 1.1 评价表

评价内容	评分标准	配分
出　勤	出勤考核，每次 5 分，本任务共考核三次，缺课、迟到、早退均不得分	15
学习态度	设合格、不合格两个等级，共考核五次，凡出现在课堂上讲话、玩手机、看小说等破坏课堂纪律行为的均为不合格，合格者每次课得 3 分	15
任务资讯	将提交的资讯材料，分为优、良、合格、不合格四个等级，各等级分值比例分别为 100%、80%、60%、40%	30
任务实施	将提交的工艺文件，分为优、良、合格、不合格四个等级，各等级分值比例分别为 100%、80%、60%、40%	25
任务总结	总结材料能反映任务实施过程、任务成果、组员工作，设合格、不合格两个等级，各等级分值比例分别为 100%、0%	5
职业素质	考察任务独立完成度、职业道德、主动性、合作性等	10

【任务总结】

本任务主要介绍了数控技术、数控车床等任务相关内容，以及数控车削加工工艺设计、数控加工工艺文件、切削用量等任务相关知识，确定了阶梯轴加工的走刀路线，编制了数控加工工艺卡、刀具卡等。

课后习题

1. 数控技术的定义是什么？
2. 什么是数控机床？
3. 数控车床由哪些部分组成？
4. 简述数控车床的加工对象。
5. 数控车削加工工艺设计的主要内容有哪些？

任务1.2　阶梯轴数控加工程序编制

【任务目标】

通过本任务的完成，了解和掌握数控机床坐标系、编程基础等知识，能编制阶梯轴数控加工程序。

【任务资讯】

（一）数控机床坐标系

1. 右手笛卡儿坐标系

为了确定机床的运动方向及移动的距离，需要在机床上建立一个坐标系，这个坐标系称为标准坐标系，也叫机床坐标系。机床的一个直线进给运动或一个旋转进给运动定义为一个坐标轴。我国标准和国际标准等效，规定机床坐标系采用右手笛卡儿坐标系，即直线进给运动用直角坐标系 X、Y、Z 表示，X、Y、Z 坐标的相互关系用右手定则确定，大拇指方向为 X 轴的正方向，食指方向为 Y 轴的正方向，中指方向为 Z 轴的正方向，分别用 +X、+Y、+Z 表示。围绕 X、Y、Z 轴旋转的圆周进给坐标轴分别用 A、B、C 坐标表示，其正方向根据右手螺旋定则确定，大拇指指向 X、Y、Z 轴

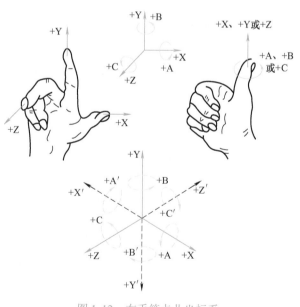

图 1-12　右手笛卡儿坐标系

的正向，四指弯曲的方向为各旋转轴的正向，用 +A、+B、+C 表示，如图 1-12 所示。

机床的进给运动是相对运动，有的是刀具相对于工件运动，有的是工件相对于刀具运动，两者的加工结果是一样的。为了便于编程人员按零件图要求编写出正确的数控加工程序，上述坐标系均假定工件不动，刀具相对工件做进给运动。

2. 机床坐标轴的确定

（1）Z坐标的确定　规定平行于传递切削动力的机床主轴的刀具运动坐标为 Z 坐标轴，取增大工件与刀具之间距离的方向（即刀具远离工件的方向）作为 Z 坐标轴的正方向。

对于车床、外圆磨床等主轴带动工件旋转的机床，平行于工件轴线的坐标为 Z 坐标；对于铣床、钻床、镗床等主轴带着刀具旋转的机床，平行于旋转刀具轴线的坐标为 Z 坐标；如果机床没有主轴（如牛头刨床），则规定垂直于工件装夹表面的坐标为 Z 坐标；如果机床上有几个主轴，则选择垂直于装夹表面的一个主轴作为主要主轴，平行于该主轴的坐标即为 Z 坐标。

（2）X坐标的确定　规定 X 坐标轴为水平方向，且与 Z 坐标轴垂直并平行于工件的装夹面。

对于工件旋转的机床（如车床、外圆磨床等），X 坐标的方向是在工件的径向上，且平行于横向滑座，刀具离开工件旋转中心的方向为 X 轴正方向。对于刀具旋转的机床（如铣床、镗床、钻床等），规定若 Z 轴是垂直的，则面对刀具主轴向立柱方向看，向右的方向为 X 轴的正方向；若 Z 轴是水平的，从刀具主轴后端向工件方向看，向右的方向为 X 轴的正方向。

（3）Y坐标的确定　Y 坐标轴垂直于 X、Z 坐标轴，在确定了 X 和 Z 坐标的正方向后，按照右手笛卡儿坐标系来确定 Y 坐标的正方向。

（4）A、B、C坐标的确定　A、B、C 坐标分别为绕 X、Y、Z 坐标轴的回转进给运动坐标，在确定了 X、Y、Z 坐标的正方向后，可按右手笛卡儿坐标系来确定 A、B、C 坐标的正方向。

3. 数控车床坐标系

机床坐标系是机床上固有的坐标系，机床坐标系的原点也称为机床原点，是机床生产厂家在机床出厂前设定好的，是制造和调整机床的基础，用户不能随意更改。

对于数控车床来说，机床原点为主轴旋转中心与卡盘后端面的交点，前置刀架和后置刀架数控车床坐标系分别如图 1-13a、b 所示。

4. 工件坐标系

工件坐标系是针对某一工件并根据零件图建立的坐标系，是编程人员在编程时使用的坐标系，也称编程坐标系，其坐标轴方向与机床坐标轴方向保持一致，用 X、Y、Z 加下标"P"表示。对于同一工件，不同的编程人员确定的工件坐标系也许会不同。工件坐标系的原点称为工件原点，对于数控车床，工件原点通常取主轴（工件回转中心）与工件右端面的交点，如图 1-14 所示。

（二）数控编程基础

1. 数控程序

不同的数控系统，其编程格式也不相同，因此，编程人员除了要按程序的常规格式编程外，还要按照数控系统说明书的格式编程。本书项目中主要论述 FANUC 0i Mate-TC 数控系统的编程，在项目拓展中论述 SINUMERIK 802S/C 数控系统的编程。

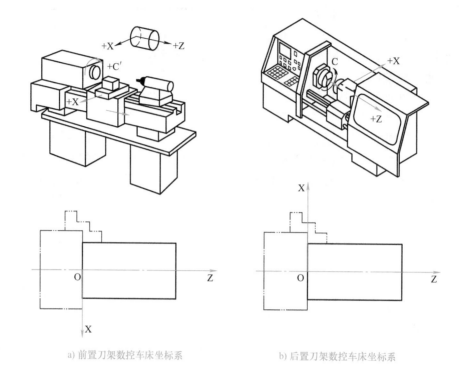

a) 前置刀架数控车床坐标系　　　　　　b) 后置刀架数控车床坐标系

图 1-13　数控车床坐标系

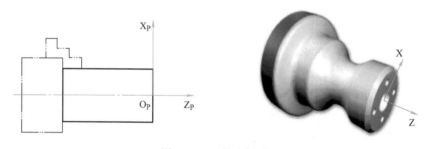

图 1-14　工件坐标系

2. 数控程序的组成

一个完整的数控加工程序由程序名、程序内容和程序结束符三部分组成。程序内容由若干个程序段组成，每个程序段由若干指令字组成，每个指令字又由字母、数字、符号组成。加工程序的结构如下：

```
O0100；                    程序名
N10   G00 X100 Z100；
N20   M03 S500；
N30   T0101；              程序内容
 ⋮
N100  G00 Z100；
N110  M30；                程序结束符
```

（1）程序名　程序名是用于区别零件加工程序的代号，是识别、调用程序的标志，写在程序的最前面，单独成行。FANUC 数控系统程序名的命名格式为：字母"O" + 四位数字，数字范围为 0001 ~ 9999，如上述"O0100"即为 FANUC 数控系统程序名。

　　（2）程序内容　程序内容是整个程序的核心部分，由若干个程序段组成，每个程序段中有若干个指令字，每个指令字表示一种功能。每个程序段单独占一行，表示一个完整的加工动作。

　　（3）程序结束符　程序结束一般用辅助功能代码 M02 或 M30 等表示，写在程序的最后，是整个程序结束的标志，也要单独列一行。

3. 程序段的格式

　　程序段的格式是指一个程序段中指令字的排列顺序和表达方式，常用的程序段格式是字地址可变程序段格式。这种格式程序段的长短、字数和字长（位数）都是可变的，对字的排列顺序没有严格要求，不需要的字以及与上一程序段相同的续效字可以省略，程序简短、直观、易于修改。

　　程序段一般由程序段号、程序指令字、程序段结束符组成。程序指令字由表示地址的英文字母和数字组成，其通用格式如下：

N＿	G＿	X＿Y＿Z＿	F＿	M＿	S＿	T＿	；
程序段号	准备功能字	尺寸字	进给功能字	辅助功能字	主轴功能字	刀具功能字	程序段结束符

　　其中，程序段号由地址码"N" + 四位数字组成，数字范围为 0001 ~ 9999，如 N20。程序段号仅仅表示程序段的代号，不表示程序段的顺序，其大小次序可以颠倒和省略。程序段的顺序由程序段输入的顺序决定，即数控装置按程序段输入的先后次序依次执行。

（三）数控车床基本功能指令

　　数控系统常用的系统功能有准备功能、辅助功能、其他功能三种，这些功能是编制数控程序的基础。

1. 准备功能

　　准备功能也叫 G 功能或 G 代码，是使数控车床做好某种加工准备动作的指令。它由地址码 G + 两位数字组成，从 G00 ~ G99 共有 100 种。FANUC 0i 车床数控系统常用 G 代码见表 1-10，表中模态指令又称模态码，该指令在程序段中一经指定便一直有效，直到出现同组另一指令或其他指令取消时才失效；非模态指令又称非模态码，该指令只在当前程序段中有效。

表 1-10　FANUC 0i 车床数控系统常用 G 代码

G 代码	功能	说明	G 代码	功能	说明
G00	*快速点定位	模态指令	G53	机床坐标系设定	非模态指令
G01	直线插补		G54 ~ G59	选择工件坐标系 1 ~ 6	
G02	顺时针圆弧插补		G65	调用宏程序	非模态指令
G03	逆时针圆弧插补		G70	精加工循环	
G04	暂停	非模态指令	G71	外径/内径粗车复合循环	
G20	英制尺寸编程		G72	端面粗车复合循环	
G21	*米制尺寸编程		G73	轮廓粗车复合循环	
G27	返回参考点检查	非模态指令	G76	多线螺纹复合循环	
G28	返回参考点位置		G90	外径/内径自动车循环	模态指令
G32	螺纹切削	模态指令	G92	螺纹自动车循环	
G40	*取消刀具半径补偿		G94	端面自动车循环	
G41	刀具半径左补偿		G96	恒表面切削速度控制	
G42	刀具半径右补偿		G97	恒表面切削速度控制取消	
G50	坐标系、主轴最大速度设定	非模态指令	G98	每分钟进给	
G52	局部坐标系设定		G99	*每转进给	

注：*表示数控车床开机或复位后的默认状态。

2. 辅助功能

辅助功能也叫 M 功能或 M 代码，是控制车床主轴的开、停、正反转，切削液的开、关，运动部件的夹紧与松开等辅助动作的指令，由地址码 M + 两位数字组成，从 M00 ~ M99 共有 100 种，FANUC 0i 车床数控系统常用 M 代码见表 1-11。

表 1-11　FANUC 0i 车床数控系统常用 M 代码

M 代码	功能	M 代码	功能
M00	程序停止	M10	车螺纹 45°退刀
M01	选择停止	M11	车螺纹直退刀
M02	程序结束	M12	误差检测
M03	主轴正转	M13	误差检测取消
M04	主轴反转	M19	主轴准停
M05	主轴停止	M30	程序结束
M08	切削液开	M98	调用子程序
M09	切削液关	M99	返回子程序

在同一程序段中，若既有 M 代码又有其他代码，则 M 代码与其他代码的执行顺序由车床系统参数设定，为保证程序以正确的顺序执行，有些 M 代码，如 M02、M30、M98 等，最好作为单独程序段成行。

3. 其他功能

（1）刀具功能　刀具功能是指系统进行选刀或换刀的指令，也称为 T 功能或 T 代码，其编程格式为 T + 四位数字，其中前两位数字表示刀具号，后两位数字表示刀具补偿号。如 T0101，第一个 01 表示调用 1 号刀具，第二个 01 表示调用地址为 1 号的刀具补偿值。

（2）进给功能　进给功能是用来指定刀具相对于工件运动速度的功能，也称为 F 功能或 F 代码，其编程格式为 F + 数字。进给功能的单位有两种，一种为每分钟进给，即 mm/min，用 G98 指令指定；另一种为每转进给，即 mm/r，用 G99 指令指定，该单位为数控系统默认状态，因此 G99 在编程时可以省略。

（3）主轴功能　主轴功能是用来控制主轴转速的功能，也称为 S 功能或 S 代码，其编程格式为 S + 数字。主轴功能有恒转速和恒线速两种指令方式：恒转速单位为 r/min，用 G97 指令指定，是数控系统默认状态，因此 G97 在编程时可以省略，如 S800 表示主轴转速为 800r/min；恒线速单位为 m/min，用 G96 指令指定，如 G96 S500 表示主轴线速度为 500m/min。

主轴的正转、反转、停止分别用 M03、M04、M05 指定，这些指令代码通常与 S 代码连用，如 M03 S1000，表示起动主轴正转，转速为 1000r/min。

T、F、S 代码均为模态码，在没有新的 T、F、S 代码代替之前，当前设置将一直有效。

4. 直径编程和半径编程

在数控车床编程中，工件的径向尺寸 X 可以用直径和半径两种方式表示，在表达工件轮廓上某一点的坐标时，X 坐标用半径数据表示时称为半径编程，用直径数据表示时称为直径编程，两者只能选其一。在 FANUC 数控车床中，该功能由 1006 号机床参数的第 3 位设定，默认为直径编程，本书中所有程序均为直径编程。

（四）项目编程指令

本项目编程用到了 G54 ~ G59、G00、G01、G04、G90 等指令，其功能和编程格式分述如下。

1. G54 ~ G59

（1）指令功能　G54 ~ G59 为零点偏移指令，用来选择工件坐标系。

（2）编程格式　G54；或 G55；或 G56；或 G57；或 G58；或 G59；

（3）指令使用说明　G54 ~ G59 为模态码，是六个预定工件坐标系，加工时预先给出工件原点在机床中的位置，即给出工件原点相对于机床原点在 X、Z 方向的偏移量，用 MDI 方式将偏移量输入 G54 ~ G59 任意一个的工件坐标系偏置值寄存器中，然后在程序中通过调用 G54 ~ G59，即可建立工件坐标系，机床开机后系统默认状态为 G54。用该方法建立的工件坐标系，其原点与刀具当前的位置无关，且关机再次开机后，仍然有效。

2. G00 指令

（1）指令功能　G00 为刀具快速点定位指令，是指刀具以机床规定的速度从所在位置移动到目标点，移动速度由机床系统参数设定，用户不能在程序段中指定。

（2）编程格式　G00 X __ Z __ ;

（3）指令使用说明

1）X、Z 为目标点的绝对坐标，G00 为模态码指令。

2）G00 只实现刀具从当前点到目标点的定位，对刀具运动轨迹没有要求，因此在使用该指令时，要保证移动过程中刀具不碰到机床、夹具等。

3）G00 的目标点不能设定在工件上，一般要与工件保持 2 ~ 5mm 的距离。

4）G00 指令主要用于快速逼近或离开工件，不能用于切削加工，不运动的坐标可以省略。

3. G01 指令

（1）指令功能   G01 为刀具直线插补指令，是指刀具以 F 指令规定的速度沿任意斜率的直线从所在位置加工到目标点。

（2）编程格式   G01 X ＿ Z ＿ F ＿；

（3）指令使用说明

1）X、Z 为直线插补目标点的绝对坐标，F 为加工进给速度，G01 为模态码指令。

2）G01 用于直线切削加工，必须给定刀具进给速度，而且同一个程序段中只能指定一个进给速度。

3）刀具空运行或退刀时用此指令则运动时间长，效率低；不运动的坐标可以省略。

例 1-1   如图 1-15 所示，工件坐标系原点为 O 点，刀具起始点在 P 点，编程车削 ϕ20mm 的外圆。

在图 1-15 中，工件坐标系为 $X_P O_P Z_P$，则 O 点坐标为（20，3），1 点坐标为（20，0），2 点坐标为（20，-45），车削 ϕ20mm 外圆的程序如下：

N10 G00 X20. Z3. ；

N20 G01 X20. Z-45. F0.5；（该程序段中 X20 可以省略）

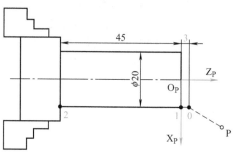

图 1-15   G00、G01 指令的运用

4. G04 指令

（1）指令功能   G04 为暂停指令，是指停留指定时间后执行下一程序段，一般用于槽底加工时的暂停，以提高表面质量。

（2）编程格式   G04 X ＿；或 G04 P ＿；

（3）指令使用说明   编程格式中 X、P 为暂停时间单位，X 的单位为秒（s），其后可以跟整数或小数；P 的单位为毫秒（ms），其后只能跟整数。例如，G04 X1；表示暂停 1s；G04 P1000；表示暂停 1000ms，即 1s。

5. G90 指令

（1）指令功能   G90 为单一固定循环指令，动作过程包括"进刀→切削→退刀→返回"，当加工余量较大，需要多次走刀时用该指令可以简化程序。G90 可以加工圆柱面，也可以加工圆锥面。

（2）编程格式   加工圆柱面：G90 X ＿ Z ＿ F ＿；加工圆锥面：G90 X ＿ Z ＿ R ＿ F ＿；

（3）指令使用说明

1）图 1-16 所示为单一固定循环指令 G90 的动作过程，刀具从 0 点快速进给到 1 点，然后以 F 的进给速度切削到 2 点，以同样的 F 速度退刀到 3 点，再快速返回 0 点，完成一个切削循环。

0 点为循环起点，通常选择在距离工件毛坯表面 2～3mm 处；2 点为切削终点。G90 指令就是将四条直线指令 G00、G01 进行了组合，简化了程序。

2）上述编程格式中，X、Z 为切削终点的绝对坐标值，F 为切削进给速度，R 为圆锥面切削起点与切削终点的半径差，起点 X 坐标大于终点 X 坐标时，R 为正；起点 X 坐标小于终点 X 坐标时，R 为负。

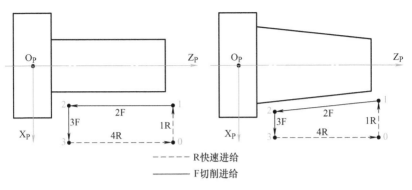

图 1-16 单一固定循环指令 G90

例 1-2 如图 1-17 所示，主轴转速为 1000r/min，进给速度为 100mm/min，背吃刀量为 2mm，使用 1 号外圆车刀，试编程实现 ϕ20mm 外圆的加工。

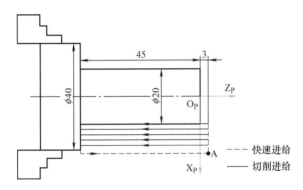

图 1-17 G90 指令的运用

参考程序见表 1-12。

表 1-12 G90 指令运用程序

程 序		注 释
O0012		程序名
N10	G54 G98；	调用工件第一坐标系，每分钟进给
N20	M03 S1000；	起动主轴正转，转速为 1000r/min
N30	T0101；	换 1 号刀
N40	G00 X42. Z3.；	快速定位到循环起点
N50	G90 X36. Z-45. F100.；	切削加工，进给速度为 100mm/min
N60	X32.；	G90 为模态码，除运动的坐标外其余坐标全部省略
N70	X28.；	
N80	X24.；	
N90	X20.；	
N100	G00 X60. Z60.；	退刀到安全位置
N110	M05；	主轴停止
N120	M30；	程序结束

![marker]【任务实施】

　　根据任务 1.1 所制定的阶梯轴数控加工工序卡、刀具卡、走刀路线及上述理论，留精加工余量 X 方向为 0.5mm、Z 方向为 0mm，在工件右端面建立阶梯轴工件坐标系，如图 1-18 所示。图 1-1 所示阶梯轴的数控加工程序单见表 1-13。

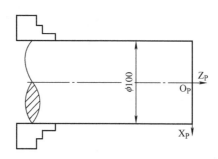

图 1-18　阶梯轴工件坐标系

表 1-13　阶梯轴数控加工程序单

阶梯轴数控加工程序单						程序号		O0001
零件号	XMLJ01	零件名称	阶梯轴	编制			审核	
程序段号	程序段				注释			
N10	G54 G98；				调用工件第一坐标系，初始化			
N20	M03 S1000；				起动主轴正转，转速为 1000r/min，粗加工			
N30	T0101；				调用 1 号外圆车刀			
N40	G00 X100. Z5.；				快进到循环起点			
N50	G90 X96. Z−160. F100.；				粗车 φ90mm 外圆，共车削三次			
N60	X92.；							
N70	X91.；							
N80	X87. Z−150.；				粗车 φ80mm 外圆，共车削三次			
N90	X83.；							
N100	X81.；							
N110	X77. Z−126.；				粗车 φ76mm 外圆			
N120	X74. Z−107.；				粗车 φ73mm 外圆			
N130	X70. Z−70.；				粗车 φ56mm 外圆，共车削五次			
N140	X66.；							
N150	X62.；							
N160	X58.；							
N170	X57.；							
N180	S2000.；				主轴转速变为 2000r/min，精加工阶梯轴			
N190	G01 X48. Z2. F50.；				精加工进给速度			
N200	X56. Z−2.；				车削 C2 倒角			

（续）

阶梯轴数控加工程序单			程序号		O0001	
零件号	XMLJ01	零件名称 阶梯轴	编制		审核	
程序段号	程序段			注释		
N210	Z-70. ;			精车 ϕ56mm 外圆		
N220	X67. ;			车削过渡端面		
N230	X73. Z-73. ;			车削 C3 倒角		
N240	Z-107. ;			精车 ϕ73mm 外圆		
N250	X76. Z-108. 5;			车削 C1. 5 倒角		
N260	Z-126. ;			精车 ϕ76mm 外圆		
N270	X80. ;			车削过渡端面		
N280	Z-150. ;			精车 ϕ80mm 外圆		
N290	X90. ;			车削过渡端面		
N300	Z-160. ;			精车 ϕ90mm 外圆		
N310	X105. ;			退刀		
N320	G00 X110. Z10. ;					
N330	T0202;			换 2 号切槽刀		
N340	S600. ;			主轴转速变为 600r/min，切槽		
N350	G00 Z-126. ;			定位到 ϕ72mm 槽处		
N360	X81. ;					
N370	G01 X72. F30. ;			切 ϕ72mm 槽，第一刀		
N380	G04 X1. ;			槽底暂停 1s		
N390	G00 X81. ;			退刀		
N400	Z-125. ;					
N410	G01 X72. F30. ;			切 ϕ72mm 槽，第二刀		
N420	G04 X1. ;			槽底暂停 1s		
N430	G00 X81. ;			退刀		
N440	Z-150. ;			定位到 ϕ74mm 槽		
N450	G01 X74. F30. ;			切 ϕ74mm 槽		
N460	G04 X1. ;			槽底暂停 1s		
N470	G00 X105. ;			退刀		
N480	Z30. ;			退刀到安全距离		
N490	M05;			主轴停		
N500	M30;			程序结束，并返回程序开头		

【任务考核】

任务 1.2 评价表见表 1-14，采用得分制，本任务在课程考核成绩中的比例为 10%。

表 1-14　任务 1.2 评价表

评价内容	评分标准	配分
出　　勤	出勤考核，每次 5 分，本任务共考核 3 次，缺课、迟到、早退均不得分	15
学习态度	设合格、不合格两个等级，共考核 5 次，凡出现在课堂上讲话、玩手机、看小说等破坏课堂纪律行为的均为不合格，合格者每次课得 3 分	15
任务资讯	将提交的资讯材料，分为优、良、合格、不合格四个等级，各等级分值比例分别为 100%、80%、60%、40%	30
任务实施	将提交的阶梯轴程序单，分为优、良、合格、不合格四个等级，各等级分值比例分别为 100%、80%、60%、40%	25
任务总结	总结材料能反映任务实施过程、任务成果、个人工作，设合格、不合格两个等级，各等级分值比例分别为 100%、0%	5
职业素质	考察任务独立完成度、职业道德、主动性、合作性等	10

【任务总结】

　　机床原点是机床上固有的一点，是机床生产厂家在机床出厂前设定好的，用户不能随意更改；而工件原点则是编程人员根据编程需要所设定的工件上的一点，数控车床工件原点通常设在工件右端面中心处。

　　在 FANUC 系统中，G 代码有 G00 ~ G99 共 100 个，M 代码有 M00 ~ M99 共 100 个，每个代码的指令功能各不相同，本任务中用到了 G98、G00、G01、G04、G54、G90、M03、M05、M30 等指令。

课后习题

　　1. 如何确定机床各坐标轴？
　　2. 什么是工件坐标系？
　　3. 简述数控程序的组成。
　　4. 程序段中包含的功能字有哪几种？
　　5. 什么是机床原点？什么是工件原点？

任务 1.3　阶梯轴数控仿真加工

【任务目标】

　　通过本任务，掌握 FANUC 0i Mate - TC 数控车床操作面板、各按钮功能、操作步骤，能进行阶梯轴的数控仿真加工。

【任务资讯】

　　本任务介绍 FANUC 0i Mate - TC 标准后置刀架数控车床面板功能。

1. CRT/MDI 数控操作面板

FANUC 0i Mate - TC 标准后置刀架数控车床的 CRT/MDI 数控操作面板如图 1-19 所示。各按钮功能见表 1-15。

2. 机床操作面板

FANUC 0i Mate - TC 标准后置刀架数控车床的机床操作面板如

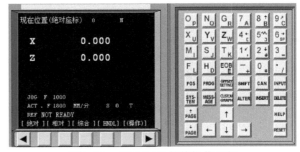

图 1-19　CRT/MDI 数控操作面板

图 1-20 所示，机床手轮面板如图 1-21 所示，用于控制机床运动和状态。各按钮功能见表 1-16。

表 1-15　CRT/MDI 数控操作面板按钮功能

按　钮	功　能
POS	显示刀具当前绝对坐标
PROG	显示程序与编辑
OFFSET SETTING	显示参数输入，单击一次显示工具补正/磨耗，单击两次显示工具补正/形状，单击三次显示参数设置，单击四次显示工件坐标系设置
CAN	取消当前数据输入区数据
INPUT	输入数据
SYS-TEM	显示系统参数
MESS-AGE	显示信息
CUSTOM GRAPH	显示图形参数设置
ALTER	用输入的数据替换光标所在位置的数据
INSERT	将输入区数据插入光标位置处
DELETE	删除光标所在位置处数据
↑ PAGE	将程序向前翻页
↓ PAGE	将程序向后翻页
RESET	复位
SHIFT	上档键
↑ ← ↓ →	上下左右移动光标
O N G 7 8 9 X U Y V Z W 4 5 6 M J S T K 1 2 3 F H EOB E - 0 ·	数字/字母键，其中 EOB E 表示回车切换到下一行程序输入或编辑

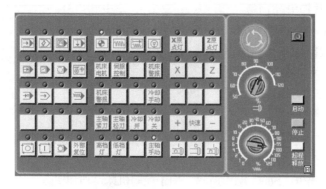

图 1-20　机床操作面板

图 1-21　机床手轮面板

表 1-16　机床操作面板和机床手轮面板按钮功能

按　钮	功　能
［→］	进入自动加工模式
［》］	进入通过操作面板输入程序和编辑程序的模式
［▣］	进入手动输入模式
［↓］	远程执行
［◉］	回原点，通过手动回机床参考点
［〰〰〰］	手动运行，通过手动控制各坐标轴运动
［〜→］	手动脉冲进给模式
［◎］	切换成手轮控制各坐标轴运动
X原点灯　、Z原点灯	X、Z 轴回到原点
［→］	自动加工模式下，单段程序运行

（续）

按　　钮	功　　能
	自动加工模式下，按下此按钮，跳过程序段开头有"/"的程序
	选择性停止，按下此按钮，执行到 M01 程序段时程序暂停
	机械锁定，按下此按钮，机床各坐标轴被锁定
	程序试运行，各坐标轴以固定的速度运动
	进给保持，程序执行过程中，按下此按钮程序停止执行
	循环启动，自动加工模式下，按下此按钮程序自动执行
	循环停止，自动加工模式下，按下此按钮程序停止执行
机床电机　伺服控制	机床接通电源，起动
主轴手动	按下此按钮，手动控制主轴旋转
X 、Z	X、Z 轴方向手动进给
+ 、-	正、负方向进给
快速	手动模式下按下此按钮，坐标轴以快速进给速度移动
	主轴正转、主轴停转、主轴反转
	紧急停止，按下此按钮，机床和数控系统紧急停止，旋转解除紧急停止
	主轴转速调节旋钮，调节范围为 50% ~ 120%
	进给速度调节旋钮，调节范围为 0 ~ 120%
	进给轴选择旋钮，左击鼠标向左移动，右击鼠标向右移动
	手轮进给模式下，每个脉冲的进给距离。左击鼠标向左移动，右击鼠标向右移动。"×1"为 0.001mm，"×10"为 0.01mm，"×100"为 0.1mm
	手轮进给

【任务实施】

数控车床仿真加工过程：① 选择机床；② 定义工件毛坯；③ 选择定义刀具；④ 对刀，建立工件坐标系；⑤ 通过操作面板输入数控程序；⑥ 自动运行，仿真加工。阶梯轴仿真加工的具体步骤如下。

（一）开机床

1）单击桌面快捷键或者选择【程序】→【数控加工仿真系统】进入仿真系统。

2）单击工具栏上的按钮，打开【选择机床】对话框，如图 1-22 所示。分别选择"FANUC""FANUC 0i""车床""标准（斜床身后置刀架）"，单击【确定】按钮完成机床的选择。

3）查看急停按钮是否按下，如果处于按下状态，则单击，使其呈松开状态。

4）单击按钮，起动机床，机床起动后，上方的指示灯亮。

（二）回零

开机后回零，即回参考点，目的是建立机床坐标系，具体操作如下：单击回原点按钮，使其上方指示灯亮，然后单击 X → + ，上方指示灯亮，X 向回到原点；再单击 Z → + ，上方指示灯亮，Z 向回到原点，回零操作完毕。回原点后，坐标系显示如图 1-23 所示。

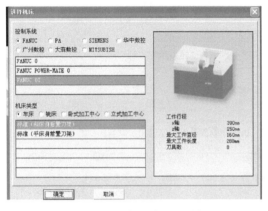

图 1-22 【选择机床】对话框

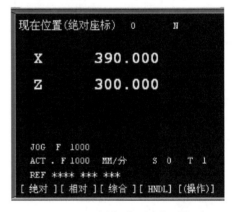

图 1-23 回原点操作后坐标系显示

（三）安装工件、刀具

1）单击工具栏上的按钮，打开【定义毛坯】对话框，如图 1-24 所示，定义毛坯名为"阶梯轴"，材料选择 45 钢，输入合适的工件尺寸，单击【确定】，完成毛坯的定义。

2）单击工具栏上的按钮，打开【选择零件】对话框，如图 1-25 所示，选择阶梯轴毛坯，单击【安装零件】按钮，完成零件的装夹。

3）单击工具栏上的按钮，打开【车刀选择】对话框，如图 1-26 所示，单击数字"1"定义外圆车刀：刀片类型选择 T，刀柄类型选择 G，刀尖半径设为 0，X 向长度设为 100。单击数字"2"定义切槽刀：刀片类型选择，刀柄类型选择，刀尖半径设为 0，X 向长度设为 100，单击【确认退出】按钮完成刀具的安装。

图 1-24 【定义毛坯】对话框

图 1-25 【选择零件】对话框

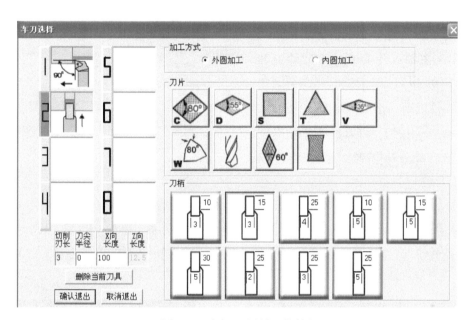

图 1-26 【车刀选择】对话框

（四）建立工件坐标系（对刀操作）

1. 单把刀具对刀

1）单击手动按钮，使其上方指示灯亮，切换到手动模式，单击 X → - 按钮，Z → - 按钮，使刀具移动到工件附近，如图 1-27 所示。

2）单击主轴正转按钮，起动主轴正转，单击 Z → - 按钮，车削工件外圆一小段；单击 + 按钮，将刀具沿 Z 轴退至工件外，单击按钮，主轴停转；单击 POS 按钮，记下显示的 X 坐标 $X_1 = 344.167$。单击菜单中的【测量】→【剖面测量】→【是】，打开【车床工件测量】对话框，选择被切削部分线段进行测量，选中的线段从红色变成橙黄色，记下对应的 X 值 $X_2 = 94.167$，如图 1-28 所示。计算 $X_1 - X_2$，记为 $X = 250$，单击【退出】按钮。

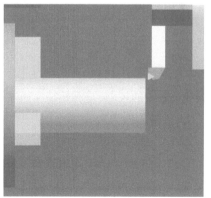

图 1-27 刀具移到工件附近

3）单击 OFFSET SETTING 按钮四下，进入工件坐标系设定界面，如图 1-29 所示。

4）单击软键【操作】，输入"01"，单击软键【NO 检索】，定位到 G54 坐标系，在 X 后输入"250."，单击 INPUT 或软键【输入】，X 后的值变为 250，完成 X 向对刀。**注意**：250 后的小数点一定要输入，否则输入值将变成 0.25，下文程序中输入的数值后均要加小数点。

5）单击主轴正转按钮 ⊐⊐，起动主轴正转，然后单击 Z → − 按钮，X → − 按钮，车削工件端面一小段，单击 ⊐⊐ 按钮主轴停转，单击 + 按钮，将刀具沿 X 轴退至工件外，然后单击 POS 按钮，记下显示的 Z 坐标 Z = 251.033。

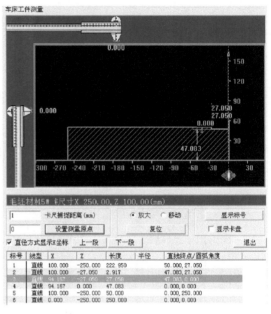

图 1-28　车床工件测量

6）单击 OFFSET SETTING 按钮四下，再次进入图 1-29 所示的工件坐标系设定界面，单击软键【操作】，输入"01"，单击软键【NO 检索】，定位到 G54 坐标系，单击 → 按钮，将光标定位到 Z 轴，在 Z 后输入"251.033"，单击 INPUT 按钮或软键【输入】，Z 后的值变为 251.033，完成 Z 向对刀。对刀后工件坐标系显示如图 1-30 所示。

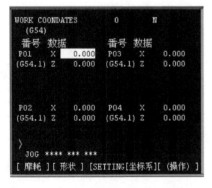

图 1-29　工件坐标系设定

图 1-30　对刀后工件坐标系的值

7）校验对刀是否正确。对刀具进行回零操作后，单击 POS 按钮，分别将显示的 X、Z 坐标与 G54 坐标系中的 X、Z 坐标相加，如果相加后的和为 390、300，则对刀正确，反之对刀错误。

2. 多把刀对刀

（1）外圆车刀对刀

1）用前述方法进行外圆切削，单击 POS 按钮，记下 $X_1 - X_2$ 的值。单击 OFFSET SETTING 按钮两次，进入工具补正/形状设定界面，如图 1-31 所示，在"01"番号对应的 X 中输入 $X_1 - X_2$ 的值，完成外圆车刀的 X 向对刀。

2）用前述方法进行端面切削，单击 按钮记下 Z 值，单击 按钮两次，再次进入图1-31所示的工具补正/形状设定界面，在"01"番号对应的 Z 中输入 Z 值，完成外圆车刀的 Z 向对刀。**注意**：多把刀对 Z 向时，必须先用第一把刀车一下端面，将车过的端面作为基准面，后面所有刀对 Z 向时只要用刀尖碰一下端面即可。

（2）切槽刀对刀

1）单击 → 按钮，进入程序编辑界面，如图1-32所示，输入"G54 T0202"，单击自动运行按钮 ，再单击循环起动按钮 ，将切槽刀换到当前切削位置。

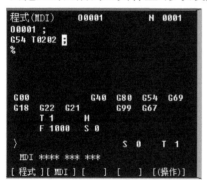

图 1-31　工具补正/形状设定界面

2）用与外圆车刀相同的对刀方法，分别得到切槽刀的 X、Z 向对刀值，将其输入图1-32所示工具补正/形状设定界面"02"番号对应的 X、Z 中，完成切槽刀对刀。在对 Z 向时，刀具只要碰到端面，有切屑飞出即可，不能切削，否则第一把刀的 Z 向基准会被破坏。

两把刀对刀后的工具补正/形状设定界面如图1-33所示。

图 1-32　程序编辑界面　　　　图 1-33　两把刀对刀后设定界面

（五）程序输入

可以通过操作面板将程序输入数控系统，也可以通过 DNC 状态传送输入程序。通过操作面板输入程序的方法：单击 按钮，然后单击 MDI 按钮 ，输入程序名，即可建立新的程序。需要注意的是，程序号和其后的";"要分别输入，即先输入程序号，单击 按钮；然后输入";"，再单击 按钮后才完成新程序的建立，在新程序建立后，即可输入各程序段。

本任务采用 DNC 状态传送输入程序，该方式输入程序方便、快速，具体操作为：先将程序输入记事本文件中保存，单击 → 按钮进入程序编辑界面，单击软键【操作】→ →【F 检索】；在出现的对话框里找到记事本文件后单击【打开】按钮，回到程序编辑界面后单击软键【READ】；输入程序名（**注意**：此处输入的是程序名，而不是记事本文件名）后单击【EXEC】，记事本文件中的程序即被导入数控系统当前界面中，如图1-34所示。

（六）程序执行

程序输入后，单击自动运行按钮 →循环启动按钮 ，系统将自动执行程序，进行仿真加工。阶梯轴仿真加工结果如图1-35所示。

```
程式            00001      N 0001
00001 ;
G54 G98 ;
M03 S1000 ;
T0101 ;
G00 X105. Z5. ;
G90 X96. Z-160. F100. ;
X92. ;
X91. ;
X87. Z-150. ;
X83. ;
X81. ;
>              S 0  T

  EDIT**** *** ***
[ 结合 ] [    ] [ 停止 ] [ CAN ] [ EXEC ]
```

图 1-34 阶梯轴程序

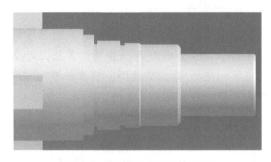

图 1-35 阶梯轴仿真加工结果

【任务考核】

任务 1.3 评价表见表 1-17, 采用得分制, 本任务在课程考核成绩中的比例为 5% 。

表 1-17 任务 1.3 评价表

评价内容	评分标准	配分
出　勤	出勤考核, 每次 5 分, 本任务共考核 3 次, 缺课、迟到、早退均不得分	15
学习态度	设合格、不合格两个等级, 共考核 5 次, 凡出现在课堂上讲话、玩手机、看小说等破坏课堂纪律行为的均为不合格, 合格者每次课得 3 分	15
任务资讯	将提交的资讯材料, 分为优、良、合格、不合格四个等级, 各等级分值比例分别为 100% 、80% 、60% 、40%	20
任务实施	将提交的阶梯轴仿真加工图片, 分为合格、不合格两个等级, 各等级分值比例分别为 100% 、50%	35
任务总结	总结材料能反映任务实施过程、任务成果、个人工作, 设合格、不合格两个等级, 各等级分值比例分别为 100% 、0%	5
职业素质	考察任务独立完成度、职业道德、主动性、合作性等	10

【任务总结】

数控车床的操作面板包括 CRT/MDI 操作面板和机床操作面板两部分, 不同的按钮具有不同的功能, 充分地熟悉和掌握各按钮符号和功能, 才能正确地进行数控车床的仿真加工。

课后习题

1. 手动输入程序时, 模式选择旋钮应置于什么位置?

2. MDI 是什么功能的英文缩写?

3. 机床开机后回零的目的是什么?

4. 程序中执行 M01 指令时要按什么键?

5. 如何设置工件坐标系?

图 2-1 所示为圆弧面轴零件图，材料为铝，小批量生产。要求分析其数控加工工艺，填写数控加工工序卡、刀具卡，编制数控加工程序，并进行数控仿真加工。

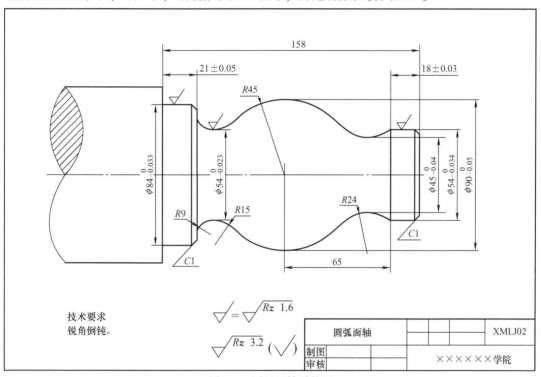

图 2-1　圆弧面轴零件图

任务 2.1　圆弧面轴数控加工工艺设计

▪**【任务目标】**

通过本任务的实施，掌握数控机床按运动轨迹、伺服驱动控制方式的分类，数控车床的型号，加工阶段的划分，工序的划分，切削用量的选择等工艺知识，能分析圆弧面轴的数控加工工艺，并编制其数控加工工序卡、刀具卡。

▪**【任务资讯】**

（一）数控机床基础知识

1. 数控机床的分类

数控机床除了可以按主轴位置、功能、数控系统等分类外，还可以按运动轨迹和伺服驱动控制方式分类。

（1）按运动轨迹分类　数控机床按运动轨迹可分为点位控制数控机床、直线控制数控机床、轮廓控制数控机床，其原理如图 2-2 所示。

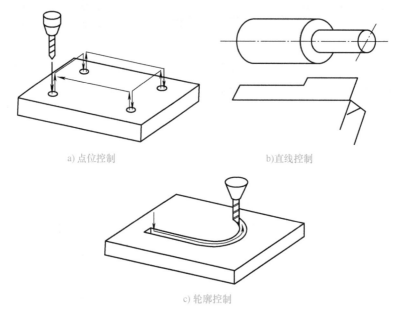

a) 点位控制　　　　　　　　　　b)直线控制

c) 轮廓控制

图 2-2　机床控制方式

1）点位控制是指机床只控制刀具或工作台从一点移到另一点的准确定位，然后进行定点加工，在移动过程中不进行加工，对两点间的运动路径不进行控制，可以沿多个坐标轴同时移动，也可以沿各个坐标先后移动。一般数控钻床、数控坐标镗床、数控压力机等采用该控制方式。

2）直线控制是指机床除了要控制直线轨迹起点、终点的准确定位外，还要控制运动部件以一定的速度沿与坐标轴平行的方向进行直线切削进给。采用该控制方式的机床有数控铣床、数控车床、数控磨床等。

3）轮廓控制是指机床能够连续控制两个或两个以上坐标轴的联合运动，使合成的运动轨迹（平面的或空间的）能满足零件轮廓的加工要求。其数控装置通常具有插补运算功能，可使刀具的运动轨迹以最小的误差逼近规定的轮廓曲线，并协调各坐标轴的运动速度，以便在切削过程中始终保持规定的进给速度。采用该控制方式的机床有数控铣床、数控车床、数控磨床、数控加工中心等。

（2）按伺服驱动控制方式分类　可分为开环控制系统、闭环控制系统和半闭环控制系统。

1）开环控制系统。开环控制系统框图如图 2-3 所示，是指不带反馈装置的控制系统，由步进电动机驱动电路和步进电动机组成。数控装置发出脉冲信号，每个脉冲信号控制步进电动机转动一定的角度，通过传动机构推动工作台移动一定的距离。这类系统的信息流是单向的，工作台的实际移动距离不反馈回数控装置，因此精度低，但其结构简单、成本低、技术容易掌握和使用。

2）闭环控制系统。闭环控制系统框图如图 2-4 所示，是指在机床移动部件上装有直线

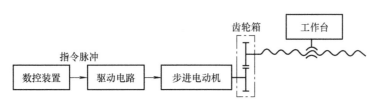

图 2-3　开环控制系统框图

位置检测装置，将检测到的实际位移反馈到数控装置的比较器中，与输入的指令位移值进行比较，用比较后的差值控制移动部件做补充位移，直到差值消除才停止移动，达到精确定位的控制系统。这类系统的定位精度高，但系统复杂，调试、维修困难，成本高，一般用在高精度的大型数控设备上。

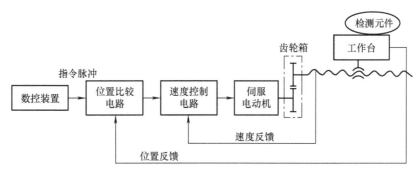

图 2-4　闭环控制系统框图

3）半闭环控制系统。半闭环控制系统框图如图 2-5 所示，它介于开环控制系统和闭环控制系统之间，是在开环控制系统的伺服机构中装有角位移检测装置，通过检测伺服电动机的转角来间接检测移动部件的位移，然后反馈到数控装置的比较器中，与输入的指令位移值进行比较，用比较后的差值控制移动部件做补充位移，直到差值消除才停止移动，达到精确定位的控制系统。这类系统的精度、速度均较高，调试比闭环控制系统简单，得到了广泛应用。

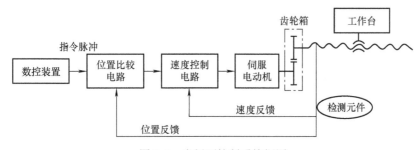

图 2-5　半闭环控制系统框图

2. 数控机床的型号

（1）机床型号的编制　在机床型号规定中，最重要的是类代号、组代号、通用特性代号、结构特性代号和主参数。我国机床的传统分类方法，主要是按加工性质和所用刀具进行分类，目前将机床分为 11 大类，机床分类及代号见表 2-1。

表 2-1 机床分类及代号

类别	车床	钻床	镗床	磨床			齿轮加工机床	螺纹加工机床	铣床	刨插床	拉床	锯床	其他机床
代号	C	Z	T	M	2M	3M	Y	S	X	B	L	G	Q

同类机床因用途、性能、结构相近而分为若干组，如车床和铣床组别代号见表 2-2。

表 2-2 车床和铣床组别代号

组别		0	1	2	3	4	5	6	7	8	9
类别	车床 C	仪表小型车床	单轴自动车床	多轴自动、半自动车床	回轮、转塔车床	曲轴及凸轮轴车床	立式车床	落地及卧式车床	仿形及多刀车床	轮、轴、辊、锭及铲齿车床	其他车床
	铣床 X	仪表铣床	悬臂及滑枕铣床	龙门铣床	平面铣床	仿形铣床	立式升降台铣床	卧式升降台铣床	床身铣床	工具铣床	其他铣床

机床主参数是反映机床加工性能的主要数据，机床主参数及折算系数见表 2-3。

表 2-3 机床主参数及折算系数

机床	主参数名称	主参数折算系数
卧式车床	床身上最大回转直径	1/10
立式车床	最大车削直径	1/100
摇臂钻床	最大钻孔直径	1/1
卧式镗铣床	镗轴直径	1/10
坐标镗床	工作台面宽度	1/10
外圆磨床	最大磨削直径	1/10
内圆磨床	最大磨削孔径	1/10
矩台平面磨床	工作台面宽度	1/10
齿轮加工机床	最大工件直径	1/10
龙门铣床	工作台面宽度	1/100
升降台铣床	工作台面宽度	1/10
插床及牛头刨床	最大插削及刨削长度	1/10

机床通用特性代号见表 2-4。

表 2-4 机床通用特性代号

通用特性	高精度	精密	自动	半自动	数控	加工中心（自动换刀）	仿形	轻型	加重型	柔性加工单元	数显	高速
代号	G	M	Z	B	K	H	F	Q	C	R	X	S

对于主参数相同，但结构、性能不同的机床，用结构特性代号予以区别，如 A、D、E 等。

（2）数控车床型号 数控车床采用与卧式车床类似的型号表示方法，由字母及一组数字组成。例如，应用极为广泛的数控车床 CKA6140 代号含义如下：

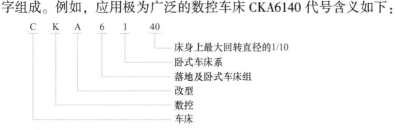

（二）数控车削加工工艺

1. 加工阶段的划分

对于重要的零件，为了保证其加工质量和合理使用设备，工件的加工过程可划分为四个阶段，即粗加工阶段、半精加工阶段、精加工阶段、光整加工阶段。

（1）粗加工阶段　粗加工的任务是切除毛坯上大部分多余的金属，使毛坯在形状和尺寸上接近零件成品，减小工件的内应力，为半精加工做好准备。因此，粗加工的主要目的是提高生产率。

（2）半精加工阶段　半精加工的任务是使主要表面达到一定的精度，同时留一定的精加工余量，为主要表面的精加工做好准备，并可完成一些次要表面的加工，如扩孔、攻螺纹孔等，热处理工序一般放在半精加工的前后。

（3）精加工阶段　精加工的任务是保证工件的尺寸精度和表面粗糙度达到规定要求，此阶段只从工件上切除较少的余量。

（4）光整加工阶段　光整加工阶段主要用于加工精度和表面质量要求很高的工件，其主要目标是进一步提高尺寸精度，减小表面粗糙度值。

2. 工序

工序是指一个或一组工人，在一个工作地点对一个或同时对几个工件所连续完成的那部分工艺内容。区分工序的主要依据，是工作地是否变动和完成的那部分工艺内容是否连续。

为了便于分析和描述工序内容，工序还可以进一步划分为工步。工步是在加工表面和加工工具不变的情况下所连续完成的那部分工序。

（1）工序划分的原则　工序划分的原则有两种：

1）工序集中原则。工序集中原则是指每道工序包括尽可能多的加工内容，从而使工序的总数减少。采用工序集中原则有利于保证加工精度、提高生产率、减少工序数目、缩短工序路线、减少机床数量和操作工人数量，但专用设备投资大、调整维修麻烦。

2）工序分散原则。工序分散原则是指将工件的加工分散在较多的工序内进行，每道工序的加工内容很少。采用工序分散原则有利于简化加工设备和工艺装备，有利于选择合理的切削用量，但工艺路线长、所需设备和工人数量多、占地面积大。

（2）工序划分的方法　工序划分的方法很多，常用划分方法如下：

1）按装夹次数划分。以一次安装所完成的那部分工艺过程为一道工序。

2）按所需刀具划分。以同一把刀具完成的那部分工艺过程为一道工序。

3）按粗、精加工划分。以粗加工中完成的那部分工艺过程为一道工序，以精加工中完成的那部分工艺过程为另一道工序。

（3）加工工序顺序的安排原则

1）先粗后精原则。各个表面的加工顺序按照粗加工、半精加工、精加工、光整加工的顺序依次执行，逐步提高表面的加工精度和减小表面粗糙度值。

2）基准先行原则。先加工定位基准面，再加工其余表面，因为定位基准面越精确，装夹误差就越小。

3）先主后次原则。先加工主要表面、装配基准面，以便及早发现毛坯中主要表面可能出现的缺陷。次要表面可放在主要表面加工到一定程度后、最终精加工之前进行，次要表面包括键槽、螺孔、销孔等。

4）先近后远原则。工件装夹后，先加工离刀架近的部位，后加工离刀架远的部位，以便缩短刀具移动距离，减少空行程，提高切削效率。

3. 切削用量的选择

（1）切削用量选择的原则　切削用量的定义在项目一中已经论述，合理选择切削用量有利于保证加工精度、充分发挥机床功能、提高生产率。切削用量选择的顺序是背吃刀量→进给量→切削速度；选择的基本原则是粗加工以提高生产率为主，精加工以保证加工精度为主。

1）粗加工切削用量。粗加工是以高效切除加工余量为主要目的，因此，在保证刀具寿命的前提下，应尽可能采用较大的切削用量，即根据机床功率和工艺系统刚性，首先选择大的背吃刀量，其次选择较大的进给量，最后根据刀具寿命选择合理的切削速度。

2）精加工切削用量。精加工时的加工余量少，而工件的尺寸精度、表面质量要求较高。当背吃刀量和进给量太大或太小时，都会使加工表面的表面粗糙度值增大，不利于工件质量的提高。而当切削速度增加到一定值以后，就不会产生积屑瘤，有利于提高加工质量。因此，在保证加工质量和刀具寿命的前提下，应采用较小的背吃刀量和进给量，并尽可能采用大的切削速度。

（2）车削加工时切削用量的选择

1）背吃刀量 a_p 的确定。在工艺系统刚度和机床功率允许的情况下，应尽可能选择较大的背吃刀量，以减少进给次数。中等功率机床粗加工时 a_p 可取 5~10mm，半精加工时 a_p 可取 0.5~5mm，精加工时 a_p 可取 0.2~1.5mm。

2）进给量 f 的确定。车削外圆时，在保证工件加工质量的情况下，可以选择较高的进给速度；在切断、车削深孔或精车时，可以选择较低的进给速度；当刀具空行程，特别是远距离"回零"时，可以设定机床允许的最高进给速度。一般粗车时，f = 0.3~0.8mm/r；精车时，f = 0.1~0.3mm/r；切断时，f = 0.05~0.2mm/r。表2-5所列为按表面粗糙度选择进给量的参考值。

表 2-5　按表面粗糙度选择进给量的参考值

工件材料	表面粗糙度值 $Ra/\mu m$	切削速度 $v_c/(m/min)$	刀尖圆弧半径 r_e/mm		
			0.5	1.0	2.0
			进给量 $f/(mm/r)$		
铸铁、青铜、铝合金	>5~10	不限	0.25~0.40	0.40~0.50	0.50~0.60
	>2.5~5		0.15~0.25	0.25~0.40	0.40~0.60
	>1.25~2.5		0.10~0.15	0.15~0.20	0.20~0.35

（续）

工件材料	表面粗糙度值 $Ra/\mu m$	切削速度 $v_c/(m/min)$	刀尖圆弧半径 r_e/mm		
			0.5	1.0	2.0
			进给量 $f/(mm/r)$		
碳钢及合金钢	>5~10	<50	0.30~0.50	0.45~0.60	0.55~0.70
		>50	0.40~0.55	0.55~0.65	0.65~0.70
	>2.5~5	<50	0.18~0.25	0.25~0.30	0.30~0.40
		>50	0.25~0.30	0.30~0.35	0.30~0.50
	>1.25~2.5	<50	0.10	0.11~0.15	0.15~0.22
		50~100	0.11~0.16	0.16~0.25	0.25~0.35
		>100	0.16~0.20	0.20~0.25	0.25~0.35

3）切削速度 v_c 的确定。根据已经选定的背吃刀量、进给速度及刀具寿命查阅切削用量手册，选择切削速度，并结合实际经验加以修正。硬质合金外圆车刀切削速度的参考值见表2-6。

表2-6　硬质合金外圆车刀切削速度的参考值

工件材料	热处理状态	$a_p=0.3~2mm$ $f=0.08~0.3mm/r$	$a_p=2~6mm$ $f=0.3~0.6mm/r$	$a_p=6~10mm$ $f=0.6~1mm/r$
		$v_c/(m/min)$		
低碳钢	热轧	140~180	100~120	70~90
中碳钢	热轧	130~160	90~110	60~80
	调质	100~130	70~90	50~70
合金结构钢	热轧	100~130	70~90	50~70
	调质	80~110	50~70	40~60
工具钢	退火	90~120	60~80	50~70
灰铸铁	<190HBW	90~120	60~80	50~70
	190~225HBW	80~110	50~70	40~60
高锰钢	—	—	10~20	—
铜及铜合金	—	200~250	120~180	90~120
铝及铝合金	—	300~600	200~400	150~200
铸铝合金	—	100~180	80~150	60~100

切削速度确定后，应根据公式来计算主轴转速 n。

a. 只车外圆时的主轴转速。只车外圆时的主轴转速按项目一中所论述的公式1-2进行计算，计算后根据机床允许值选用标准值或接近值。

b. 车螺纹时的主轴转速。车螺纹时，主轴转速受到螺距 P、螺纹插补运算速度等多种因素影响，通常经济型数控车床主轴转速可按下式计算：

$$n \leqslant 1200/P - k \tag{2-1}$$

式中，P 为被加工螺纹螺距，单位为 mm；k 为保险系数，通常为80。

4. 走刀路线的确定

精加工进给路线基本沿工件的轮廓顺序进行，因此，确定进给路线主要在于确定粗加工和空行程的进给路线。在保证被加工工件的尺寸精度和表面质量的前提下，应按最短进给路线原则确定走刀路线，以减少加工过程的执行时间，提高工作效率。同时，还要考虑数值计算的简便性，以方便程序的编制。

（1）合理安排退刀路线　安排退刀路线时，应使其前一刀终点与后一刀起点间的距离尽量减小，或者为零。

（2）合理安排起刀点和换刀点　起刀点也称对刀点，是指加工工件时，刀具相对工件运动的起点，是确定工件坐标系与机床坐标系之间关系的点。起刀点既可以选在工件上，也可以选在夹具或机床上，一般选在工件的设计基准或工艺基准上。

换刀点是指加工过程中自动换刀的位置。换刀时，刀具和工件应保持一定的距离，以保证刀具转位时不碰撞工件和夹具以及其他机床部件，一般选择机床参考点作为换刀点。

如图 2-6 所示，图中 1 点均为换刀点，2 点均为起刀点，但图 2-6b 中走刀路线的空行程远远比图 2-6a 中走刀路线的空行程短，因此，图 2-6b 中起刀点和换刀点的选择较为合理。

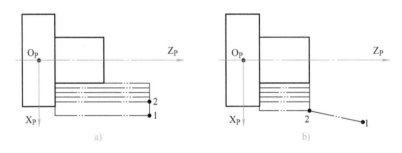

图 2-6　起刀点和换刀点的选择

（3）合理安排切削进给路线　安排切削进给路线时也要使路线最短，同时，还要兼顾工件的刚性和加工工艺性，一般通过合理选择循环指令来实现最短切削进给路线。

【任务实施】

1. 零件结构分析

图 2-1 所示的圆弧面轴主要由圆弧面和圆柱面构成，其三维结构如图 2-7 所示。根据零件尺寸确定毛坯为 $\phi100\text{mm} \times 200\text{mm}$ 的棒料，径向上需要保证的尺寸为 $\phi 84_{-0.033}^{0}\text{mm}$、$\phi 54_{-0.023}^{0}\text{mm}$、$\phi 45_{-0.04}^{0}\text{mm}$、$\phi 54_{-0.034}^{0}\text{mm}$、$\phi 90_{-0.05}^{0}\text{mm}$，长度方向上需要保证的尺寸为 (21 ± 0.05) mm 和 (18 ± 0.03) mm；三个圆柱表面有表面粗糙度要求，其值为 $Rz\ 1.6\mu\text{m}$。

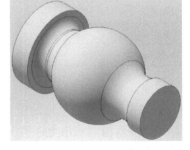

图 2-7　圆弧面轴三维结构

2. 车削工艺分析

采用自定心卡盘装夹工件左侧，留足够加工长度，根据前述理论，数控加工工序卡见表 2-7，刀具卡见表 2-8，加工路线如图 2-8 所示。

表 2-7　圆弧面轴数控加工工序卡

圆弧面轴数控加工工序卡						
零件名称	圆弧面轴	加工方法	数控车		零件图号	XMLJ02
机床型号	CK6140	夹具	自定心卡盘		零件材料	铝
序号	工步内容	刀具代号	主轴转速/(r/min)	进给速度/(mm/r)	背吃刀量/mm	加工控制
1	装夹工件	—	—	—	—	—
2	平端面	T01	1000	0.5	1	手动
3	粗车外轮廓	T01	1000	0.8	3	自动程序 O0002
4	精车外轮廓	T01	2000	0.3	0.5	
5	切断	T02	600	0.2	—	
编制		审核	批准		日期	

表 2-8　圆弧面轴数控加工刀具卡

圆弧面轴数控加工刀具卡						
序号	刀具号	刀具名称	刀具材料	数量	加工内容	刀补
1	T01	93°外圆车刀（副偏角为30°）	硬质合金	1	车端面，粗、精车外轮廓	
2	T02	4mm 切槽刀		1	切断	
编制		审核	批准		日期	

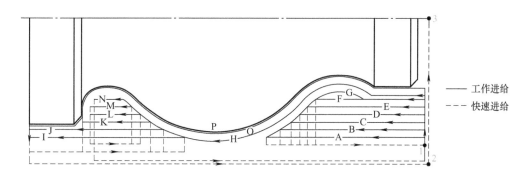

图 2-8　圆弧面轴加工路线

图 2-8 所示加工路线通过 AutoCAD 绘图软件设计，以工件轮廓为基础、粗加工背吃刀量 3mm 为距离，留精加工余量 1mm 绘制等距线设计粗加工走刀路线。其中 1 点为粗加工起刀点，从 1 点开始，经路线 A→B→C→D→E→F→G→H→I→J→K→L→M→N→O 返回换刀点；2 点为精加工起刀点，经 3 点至工件端面中心，再车削工件轮廓，最后退刀至 2 点，从 2 点返回换刀点，完成工件切削。

【任务考核】

任务 2.1 评价表见表 2-9，采用得分制，本任务在课程考核成绩中的比例为 5%。

表 2-9　任务 2.1 评价表

评价内容	评分标准	配分
出　勤	出勤考核，每次 5 分，本任务共考核 3 次，缺课、迟到、早退均不得分	15
学习态度	设合格、不合格两个等级，共考核 5 次，凡出现在课堂上讲话、玩手机、看小说等破坏课堂纪律行为的均为不合格，合格者每次课得 3 分	15
任务资讯	将提交的资讯材料，分为优、良、合格、不合格四个等级，各等级分值比例分别为 100%、80%、60%、40%	30
任务实施	将提交的工艺文件，分为优、良、合格、不合格四个等级，各等级分值比例分别为 100%、80%、60%、40%	25
任务总结	总结材料能反映任务实施过程、任务成果、组员工作，设合格、不合格两个等级，各等级分值比例分别为 100%、0%	5
职业素质	考察任务独立完成度、职业道德、主动性、合作性等	10

【任务总结】

制定数控加工工艺的重点是加工工序卡、刀具卡的编制和走刀路线的设计。对于形状较为复杂的零件，可以使用 AutoCAD 或 CAXA 等绘图软件设计走刀路线，以背吃刀量为等距距离绘制走刀路线，同时进、退刀路线也尽可能采用直线绘制，这样可以很精确地获得各节点和基点的坐标，大大简化程序的编制。

课后习题

1. 简述数控车床的分类。
2. 什么是点位控制系统？
3. 加工阶段如何划分？
4. 工序划分的方法有哪些？
5. 什么是起刀点？什么是换刀点？

任务 2.2　圆弧面轴数控加工程序编制

【任务目标】

通过本任务的实施，掌握圆弧面编程的相关指令，能编制圆弧面轴数控加工程序。

【任务资讯】

(一) 数控车床基本功能指令

1. 辅助功能指令

(1) M00 指令与 M01 指令　M00 指令的功能是使正在运行的程序在本程序段内停止运行，不执行下段程序段，同时现场模拟的模态指令信息全部被保存下来，相当于程序暂停。

按下机床控制面板上的循环起动按钮可恢复程序运行。该指令通常用于程序调试、首件试切、工件质量或尺寸检查。

M01 指令的功能是程序选择性停止。它与 M00 指令的功能相似，不同之处在于：在执行 M01 指令前，需要事先将机床控制面板上的"选择性停止"按钮按下，否则 M01 指令无效。

M00 指令与 M01 指令在编程时均需单独占一程序段，即编程格式为 M00；或 M01；。

（2）M02 指令与 M30 指令　M02 指令的功能是程序结束，同时主轴停止、切削液关闭，程序指针停在程序结尾处。

M30 指令的功能是程序结束，同时主轴停止、切削液关闭，但程序指针返回程序开头处，为批量加工时加工下一个工件做好准备。

M02 指令与 M30 指令在编程时编在最后一个程序段中，且均需单独占一程序段，即编程格式为 M02；或 M30；。

（3）M08 指令与 M09 指令　M08 指令的功能是切削液开，M09 指令的功能是切削液关。M09 指令在程序中可以省略，因为 M02、M30 指令也都具有使切削液停止的功能。

2. 准备功能指令

（1）G20 指令与 G21 指令　G20 指令是指英制单位输入，G21 指令是指米制单位输入，其中 G21 指令为机床开机默认状态，因此，G21 指令在程序中可以省略。其编程格式为 G20；或 G21；，可以单独占一程序段，也可以与其他指令在同一程序段，一般放在程序开始的第一个程序段，用来初始化程序。

（2）绝对编程与增量编程　绝对编程是指在坐标系中，当前指令中的坐标值都是以固定的坐标原点为起点确定的，用 X、Z 表示绝对坐标值。

增量编程是指在坐标系中，当前指令中的坐标值是相对于前一位置（或起点）在坐标方向的增量，用 U、W 表示增量坐标值。增量坐标系的坐标原点是移动的，坐标值与运动方向有关。

编程时可以采用绝对方式编程，也可以采用增量方式编程，还可以采用混合方式编程，到底采用哪种方式，要综合考虑加工精度要求和编程方便程度等因素后合理选用。

例 2-1　如图 2-9 所示，分别用绝对编程、增量编程和混合编程三种方式编制刀具从 1 点切削到 6 点的加工程序。

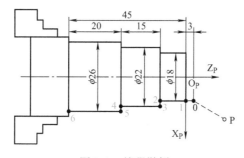

图 2-9　编程举例

参考程序见表 2-10。

表 2-10　例 2-1 参考程序

绝对编程	增量编程	混合编程	注释
G54；	G54；	G54；	设置零点偏置
M03 S800；	M03 S800；	M03 S800；	起动主轴正转，转速为 800r/min
T0101；	T0101；	T0101；	选择 1 号刀具
G00 X18. Z3.；	G00 X18. Z3.；	G00 X18. Z3.；	快进到 0 点
G01 X18. Z0. F0.3；	G01 U0. W-3. F0.3；	G01 U0. Z0. F0.3；	切削进给到 1 点
Z-10.；	W-10.；	Z-10.；	切削进给到 2 点
X22.；	U4. W0.；	X22. W0.；	切削进给到 3 点
Z-25.；	U0. W-15.；	U0. Z-25.；	切削进给到 4 点
X26.；	U4. W0.；	X26. W0.；	切削进给到 5 点
Z-45.；	U0. W-20.；	U0. Z-45.；	切削进给到 6 点
G00 X32. Z20.；	G00 U6. W65.；	G00 X32. Z20.；	退刀返回
M05；	M05；	M05；	主轴停止
M02；	M02；	M02；	程序结束

（二）项目编程指令

本项目编程新用到 G02、G03 等指令，其功能和编程格式如下。

1. G02 指令与 G03 指令

（1）指令功能　G02 指令与 G03 指令为圆弧插补指令，是指使刀具按给定的进给速度沿顺时针方向或逆时针方向以圆弧为轨迹进行插补运动。其中 G02 指令为顺时针圆弧插补，G03 指令为逆时针圆弧插补。

（2）编程格式

G02/G03 X(U)__ Z(W)__ 　R__ 　F__；
或者：G02/G03 X(U)__ 　Z(W)__ 　I__ 　K__ 　F__；

（3）指令使用说明

1）X、Z 为圆弧终点的绝对坐标，U、W 为圆弧终点相对于圆弧起点的增量坐标。

2）R 为圆弧半径，当圆弧圆心角≤180°时，R 为正；当圆心角>180°时，R 为负。

3）I、K 为圆弧起点相对于圆心在 X、Z 轴方向的增量，但与绝对编程或增量编程方式无关，其值始终是用圆心坐标减去圆弧起点坐标，用公式表示为

$$I = X_{圆心} - X_{起点} \qquad K = Z_{圆心} - Z_{起点}$$

4）G02、G03 为模态码指令，一旦指定将一直有效，直到被同组的 G00 或 G01 代替。

5）整圆的编程只能用圆心 I、K 方式，不能用半径 R 方式。

6）当圆弧程序段中同时出现 I、K 和 R 时，R 有效。

2. 圆弧顺逆的判断

数控车床上加工的圆弧都是 XOZ 坐标面内的圆弧，判断圆弧的顺逆可用如下简便方法：对于前置刀架数控车床，圆弧的顺逆与圆弧轮廓的顺逆相反；对于后置刀架数控车床，圆弧的顺逆与圆弧轮廓的顺逆相同，如图 2-10 所示。

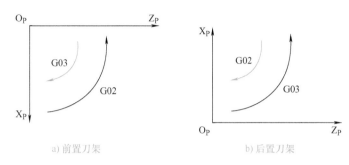

a) 前置刀架   b) 后置刀架

图 2-10   圆弧顺逆的判断

对于前置刀架数控车床，若 X 轴方向向下，则从圆弧起点到圆弧终点为顺时针方向的是 G03 逆圆弧，从圆弧起点到圆弧终点为逆时针方向的是 G02 顺圆弧。

对于后置刀架数控车床，若 X 轴方向向上，则从圆弧起点到圆弧终点为顺时针方向的是 G02 顺圆弧，从圆弧起点到圆弧终点为逆时针方向的是 G03 逆圆弧。

例 2-2   如图 2-11 所示，93°外圆车刀为 1 号刀，精车主轴转速为 2000r/min，进给量为 0.2mm/min，利用 G02/G03 指令编写其精加工程序。

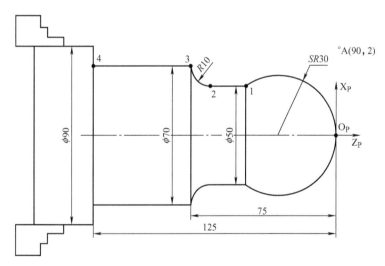

图 2-11   圆弧插补指令的使用

运用绘图软件查得各基点坐标为：1（50，-46.5831）、2（50，-65）、3（70，-75）、4（70，-125）。参考程序见表 2-11。

表 2-11   例 2-2 参考程序

程　　序		注　　释
O0022；		程序名
N10	G54 G21；	零点偏置，米制单位
N20	T0101；	换 1 号刀
N30	M03 S2000；	主轴正转，转速为 2000r/min
N40	G00 X90. Z2.；	快进到 A 点

（续）

程　　序		注　　释
N50	Z0. ;	
N60	G01 X0. F0. 2 ;	切削进给到 O_P
N70	G03 X50. Z－46. 5831 R30. ;	逆圆弧切削到 1 点
N80	G01 Z－65. ;	直线切削到 2 点
N90	G02 X70. Z－75. R10. ;	顺圆弧切削到 3 点
N100	G01 Z－125. ;	直线切削到 4 点
N110	X95. ;	退刀
N120	G00 Z80. ;	
N130	M05 ;	
N140	M30 ;	程序结束

（三）数值处理

根据被加工零件图样，按照已确定的加工路线和允许的编程误差，计算编程所需数据的过程，称为数值处理。数值处理是编程前的主要准备工作之一，一般包括两方面：一是根据零件图给出的形状、尺寸、公差等，直接通过三角、几何、解析几何等数学方法计算出编程时所需要的有关各点的坐标值；二是根据所采用的具体工艺方法、工艺装备等加工条件，对零件原图形及相关尺寸进行必要的数学处理或改动，计算有关各点的坐标值。

（1）基点的计算　零件的轮廓是由许多不同的几何元素组成的，如直线、圆弧、抛物线等。构成零件轮廓的几何元素的起点、终点、圆心及各相邻几何元素之间的交点、切点等称为基点。

一般情况下，基点坐标根据图样给定的尺寸，利用一般的解析几何或三角函数关系就可以求得。

（2）节点的计算　数控系统一般只有直线和圆弧插补功能。如果零件轮廓是由直线和圆以外的非圆曲线，如二次曲线、渐开线等组成的，则要用直线段或圆弧段拟合的方式来逼近轮廓曲线。逼近直线段或圆弧段与被加工曲线的交点称为节点。

手工计算节点的方法有三种：等间距直线逼近法、等弦长直线逼近法、等误差直线逼近法。等间距直线逼近法是使某程序段的坐标增量相等，根据曲线方程求解另一坐标值；等弦长直线逼近法是使所有逼近线段的弦长相等；等误差直线逼近法是使零件轮廓曲线上各逼近线段的插补误差 δ_i 相等，并小于或等于 $\delta_允$，如图 2-12 所示。

无论是基点，还是节点，通过手工方式计算都很复杂，为了提高编程效率，一般利用 AutoCAD、CAXA 等绘图软件中查询点坐标的功能来获得各点坐标。AutoCAD 中查询点坐标的操作方法：在命令栏里输入 "ID"，按【Enter】键后在图形区单击所需要的点，即可获得选中点的坐标。

本项目中零件轮廓主要为圆弧，运用解析几何方法计算各基点坐标较为困难，因此，利用 AutoCAD 的点坐标查询功能来获得图 2-13 中各基点、节点的坐标，见表 2-12，其中 1 ~ 23 点为粗加工路线基点，P1 ~ P11 点为精加工路线基点。

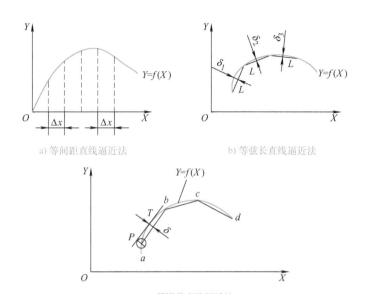

a) 等间距直线逼近法　　　　　　b) 等弦长直线逼近法

c) 等误差直线逼近法

图 2-12　节点计算方法

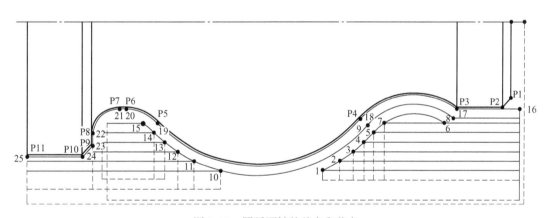

图 2-13　圆弧面轴的基点和节点

表 2-12　圆弧面轴的基点和节点坐标

基点或节点	坐标（X，Z）	基点或节点	坐标（X，Z）
1	(94，−61.9155)	10	(94，−94.9377)
2	(88，−56.2062)	11	(88，−103.3712)
3	(82，−51.8041)	12	(82，−108.8775)
4	(76，−48.2091)	13	(76，−113.1062)
5	(70，−45.1900)	14	(70，−116.5435)
6	(64，−22.1931)	15	(64，−120.1387)
7	(64，−41.7890)	16	(55，3)
8	(71，−19.1751)	17	(55，−18.1618)
9	(65.3676，−47.1367)	18	(61.3260，−49.3531)

（续）

基点或节点	坐标（X，Z）	基点或节点	坐标（X，Z）
19	(62.7，-115.4625)	P3	(54，-18)
20	(55，-125.8176)	P4	(60.6522，-49.7225)
21	(55，-128.1256)	P5	(63，-115.1054)
22	(72，-136.6256)	P6	(54，-125.8176)
23	(78.4142，-136.6256)	P7	(54，-128.1256)
24	(85，-139.9185)	P8	(72，-137.1256)
25	(85，-158)	P9	(78，-137.1256)
P1	(48，0)	P10	(84，-140.1256)
P2	(54，-3)	P11	(84，-158)

【任务实施】

根据任务 2.1 所制定的圆弧面轴数控加工工序卡、刀具卡、走刀路线及上述理论，留精加工余量 X 方向为 1mm、Z 方向为 0mm，在工件右端面建立圆弧面轴工件坐标系，圆弧面轴数控加工程序单见表 2-13。

表 2-13　圆弧面轴数控加工程序单

圆弧面轴数控加工程序单					程序号		00002
零件号	XMLJ02	零件名称	圆弧面轴	编制		审核	
程序段号	程序段				注　释		
N10	G54 G99；				调用工件第一坐标系，初始化		
N20	M03 S1000；				起动主轴正转，转速为 1000r/min，粗加工		
N30	T0101；				调用 1 号外圆车刀		
N40	G00 X100. Z3.；				快进到起刀点		
N50	G90 X94. Z-61.9155 F0.8；				路线 A		
N60	X88. Z-56.2062；				路线 B		
N70	X82. Z-51.8041；				路线 C		
N80	X76. Z-48.2091；				路线 D		
N90	X70. Z-45.19；				路线 E		
N100	X64. Z-41.789；				路线 F		
N110	G00 X64.；				路线 G		
N120	G01 Z-22.1931 F0.8；						
N130	G02 Z-41.789 R17.5；						
N140	G00 X100.；						
N150	Z3.；						
N160	X71.；						

（续）

圆弧面轴数控加工程序单			程序号		00002	
零件号	XMLJ02	零件名称	圆弧面轴	编制	审核	
程序段号	程序段			注　释		
N170	G01 Z-19.1751 F0.8；			路线 H		
N180	G02 X65.3676 Z-47.1367 R20.5；					
N190	G03 X94. Z-94.9377 R48.5；					
N200	G01 Z-158.；			路线 I		
N210	X102.；					
N220	G00 Z-94.9377；					
N230	X94.；			路线 J		
N240	G03 X88. Z-103.3712 R48.5 F0.8；					
N250	G01 Z-158.；					
N260	X102.；					
N270	G00 Z-103.3712；					
N280	X88.；			路线 K		
N290	G03 X82. Z-108.8775 R48.5 F0.8；					
N300	G01 Z-136.6256；					
N310	G00 X102.；					
N320	Z-108.8775；					
N330	G01 X82. F0.8；			路线 L		
N340	G03 X76. Z-113.1062 R48.5；					
N350	G01 Z-136.6256；					
N360	X100.；					
N370	G00 Z-113.1062；					
N380	G01 X76. F0.8；			路线 M		
N390	G03 X70. Z-116.5435 R48.5；					
N400	G01 Z-133.5340；					
N410	G00 X100.；					
N420	Z-116.5435；					
N430	G01 X70. F0.8；			路线 N		
N440	G03 X64. Z-120.1387 R48.5；					
N450	G01 Z-131.9005；					
N460	G00 X102.；					
N470	Z3.；			退刀		
N480	X55.；					

（续）

圆弧面轴数控加工程序单				程序号		O0002
零件号	XMLJ02	零件名称	圆弧面轴	编制	审核	
程序段号	程序段			注　释		
N490	G01 Z－18.1618 F0.8；			路线 O		
N500	G02 X61.326 Z－49.3531 R24.；					
N510	G03 X62.7 Z－115.4625 R45.5；					
N520	G02 X55. Z－125.8176 R14.5；					
N530	G01 Z－128.1256；					
N540	G02 X72. Z－136.6256 R8.5；					
N550	G01 X78.4142；					
N560	X85. Z－139.9185；					
N570	Z－158.；					
N580	X102.；					
N590	Z10.；					
N600	M03 S2000.；			变换主轴转速为2000r/min，精加工		
N610	G00 Z3.			进刀到3点		
N620	X0.；					
N630	G01 Z0. F0.3；			路线 P		
N640	X48.；					
N650	X54. Z－3.；					
N660	Z－18.；					
N670	G02 X60.6522 Z－49.7225 R24.；					
N680	G03 X63. Z－115.1054 R45.；					
N690	G02 X54. Z－125.8176 R15.；					
N700	G01 Z－128.1256；					
N710	G02 X72. Z－137.1256 R9.；					
N720	G01 X78.；					
N730	X84. Z－140.1256；					
N740	Z－158.；					
N750	G00X101.；			退刀到换刀点		
N760	Z50.；					
N770	T0202；			换2号切断刀		
N780	M03 S600.；			变换主轴转速为600r/min，切断		
N790	G00 Z－162.；			定位到切断处		
N800	G01 X－1. F0.2；			切断		
N810	G00 X105.			退刀		
N820	Z50.			返回		
N830	M05；			主轴停		
N840	M30；			程序结束并返回程序开头		

【任务考核】

任务 2.2 评价表见表 2-14，采用得分制，本任务在课程考核成绩中的比例为 5%。

表 2-14　任务 2.2 评价表

评价内容	评分标准	配分
出　　勤	出勤考核，每次 5 分，本任务共考核 3 次，缺课、迟到、早退均不得分	15
学习态度	设合格、不合格两个等级，共考核 5 次，凡出现在课堂上讲话、玩手机、看小说等破坏课堂纪律行为的均为不合格，合格者每次课得 3 分	15
任务资讯	将提交的资讯材料，分为优、良、合格、不合格四个等级，各等级分值比例分别为 100%、80%、60%、40%	30
任务实施	将提交的圆弧面轴程序单，分为优、良、合格、不合格四个等级，各等级分值比例分别为 100%、80%、60%、40%	25
任务总结	总结材料能反映任务实施过程、任务成果、个人工作，设合格、不合格两个等级，各等级分值比例分别为 100%、0%	5
职业素质	考察任务独立完成度、职业道德、主动性、合作性等	10

【任务总结】

G02、G03 为圆弧插补指令，其编程格式有半径方式和圆心方式两种，可以根据所给零件图合理选用，但整圆编程只能采用半径方式。在数控车床中，判断圆弧的顺逆可采用以下简单原则：对于前置刀架车床，圆弧的顺逆与圆弧轮廓的顺逆相反；对于后置刀架车床，圆弧的顺逆与圆弧轮廓的顺逆相同。

数值处理是程序编制的重要工作之一，理论上，基点坐标可以通过解析几何、三角函数等方法计算获得，节点坐标可以通过等间距直线逼近法、等弦长直线逼近法、等误差直线逼近法等方法计算获得，但无论采用何种方法，其计算过程均较为繁锁。因此，灵活运用CAD 绘图软件中的点坐标查询功能来查询编程所需各基点、节点等的坐标值是较简单、快捷的途径。

课后习题

1. M02 指令和 M30 指令的功能有何区别？
2. 如何判断圆弧的顺逆？
3. 什么是节点？
4. 什么是基点？
5. 节点的计算方法有哪些？

任务 2.3　圆弧面轴数控仿真加工

【任务目标】

通过本任务的实施，了解数控车床常用夹具、数控车床安全操作规程等，能进行圆弧面轴的数控仿真加工。

【任务资讯】

（一）数控车床常用夹具

数控车床上工件的装夹方式主要有卡盘装夹、卡盘-顶尖装夹、双顶尖装夹等。卡盘一般适用于盘类工件和短轴类工件的装夹，顶尖一般适用于细长轴类工件的装夹。

1. 卡盘

数控车床卡盘有自定心卡盘、单动卡盘、液压动力卡盘、气动卡盘等。

自定心卡盘如图 2-14a 所示，它由小锥齿轮、大锥齿轮、卡爪等部分组成，将扳手插入小锥齿轮的方孔内转动时，小锥齿轮带动大锥齿轮转动，大锥齿轮的背面是平面螺纹，卡爪背面的螺纹与平面螺纹啮合。当平面螺纹转动时，就带动三个卡爪同时做向心或离心运动，以夹紧或松开工件。

自定心卡盘的优点是能自动定心、夹持范围大、装夹速度快、不需要找正，但其定心精度低，不适用于同轴度要求高的工件的二次装夹。为了防止车削时工件产生变形和振动，在自定心卡盘中装夹时，如果工件直径大于或等于 30mm，则其悬伸长度不应大于直径的 3 倍；如果工件直径大于 30mm，则其悬伸长度不应大于直径的 4 倍。

单动卡盘（图 2-14b）的夹紧力大，但找正效率低，适用于大型和不规则工件的单件小批量生产中的装夹。

a) 自定心卡盘　　　　　　　　　　　　　　b) 单动卡盘

图 2-14　卡盘

液压动力卡盘的夹紧力大、性能稳定，可用于强力切削和高速切削，其夹紧力可通过液压系统进行调整，因此能够适应包括薄壁工件在内的各类工件的加工要求。气动卡盘是利用气压产生动力，驱动卡盘卡爪运动的夹紧机构，一般用于普通车床和简易数控车床。

2. 顶尖

顶尖（图 2-15）的作用是实现工件中心的定位，承受工件所受的重力和切削力，分为前顶尖和后顶尖。前顶尖插在主轴锥孔内随主轴一起旋转，与中心孔无相对运动，不产生摩擦；后顶尖插在车床尾座套筒内使用，有固定顶尖和回转顶尖之分。固定顶尖与工件中心孔之间存在滑动摩擦而产生高热，一般多采用镶硬质合金的顶尖。回转顶尖能够承受很高的旋转速度，与工件中心产生的摩擦是滚动摩擦。

采用双顶尖装夹工件操作方便、不需找正、装夹精度高，常用于偏心工件和细长工件的装夹。对于质量和加工余量都较大、加工精度要求高的工件，可采用一端用自定心卡盘夹紧、另一端用顶尖顶紧的装夹方法。

a) 固定顶尖　　　　　　　　　　　b) 回转顶尖

图 2-15　顶尖

（二）数控车床安全操作规程

1）检查电压、气压、油压是否正常。

2）机床通电后，检查各开关、旋钮、按键是否正常、灵活，机床有无异常现象。

3）检查各坐标轴是否已回参考点、限位开关是否可靠。若某轴在回参考点前已经在参考点位置，应先将该轴沿负方向移动一定距离后，再手动回参考点。

4）机床开机后应空运转 5min 以上，使其达到热平衡状态。

5）装夹工件时应定位可靠、夹紧牢固，检查所用螺钉、压板是否妨碍刀具运动。

6）数控刀具应选择正确、夹紧牢固。

7）试切削和加工过程中，在刀具重磨、更换后，一定要重新对刀。

8）首件加工应采用单段程序切削，并随时注意调节进给倍率以控制进给速度。

9）加工结束后应清扫机床并加防锈油。

10）停机时应将各坐标轴停在正向极限位置。

【任务实施】

圆弧面轴的数控仿真加工过程如下。

（一）开机床

1）单击进入仿真系统。

2）单击工具栏上的 按钮，打开【选择机床】对话框，如图 2-16 所示，分别选择

"FANUC""FANUC 0i""车床""标准（斜床身后置刀架）"，然后单击【确定】按钮完成机床的选择。

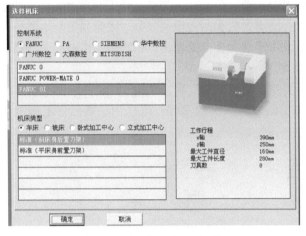

图 2-16 【选择机床】对话框

图 2-17 回零操作后坐标系显示

3）查看急停按钮 ⊙ 是否按下，如果处于按下状态，则单击，使其呈松开状态 ⊙。

4）单击 按钮，起动机床， 上方的指示灯亮。

（二）回零

开机后回零，建立机床坐标系，具体操作如下：单击回原点按钮 ，使其上方指示灯亮，然后单击 X → + 按钮， 按钮上方指示灯亮，X 向回到原点；再单击 Z → + 按钮， 按钮上方指示灯亮，Z 向回到原点，回零操作完毕。回原点后，坐标系显示如图 2-17 所示。

（三）工件、刀具安装

1）单击工具栏上的 按钮，打开【定义毛坯】对话框，如图 2-18 所示，定义毛坯名为"圆弧面轴"，材料选择"ZL412 铝"，输入合适的工件尺寸，单击【确定】按钮，完成毛坯定义。

2）单击工具栏上的 按钮，打开【选择零件】对话框，如图 2-19 所示，选择圆弧面轴毛坯，单击【安装零件】按钮，完成零件的装夹。

3）单击工具栏上的 按钮，打开【车刀选择】对话框，如图 2-20 所示。单击数字"1"定义外圆车刀：刀片类型选择 V，刀柄类型选择 J，刀尖半径设为 0，X 向长度设为 100。单击数字"2"定义切断刀：刀片类型选择 ，刀柄类型选择 ，刀尖半径设为 0，X 向长度设为 100，单击【确认退出】按钮完成刀具的安装。

（四）对刀

1. 外圆车刀的对刀

1）单击手动按钮 ，使其上方指示灯亮，切换到手动模

图 2-18 【定义毛坯】对话框

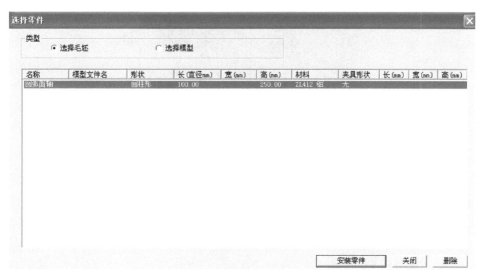

图 2-19　【选择零件】对话框

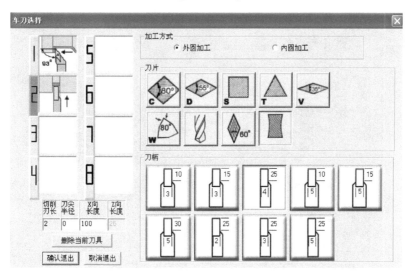

图 2-20　【车刀选择】对话框

式，单击 X → - 按钮，Z → - 按钮，使刀具移动到工件附近，如图 2-21 所示。

2）单击主轴正转按钮，起动主轴正转，单击 Z → - 按钮，车削工件外圆一小段；单击 + 按钮，将刀具沿 Z 轴退至工件外，单击 按钮，主轴停转；单击 POS 按钮，记下显示的 X 坐标 $X_1 = 342.067$。单击菜单中的【测量】→【剖面测量】→【是】，打开【车床工件测量】对话框，选择被切削部分线段进行测量，选中的线段从红色变成橙黄色，记下对应的 X 值 $X_2 = 92.067$，如图 2-22 所示。计算 $X_1 - X_2$，记为 X = 250.000，单击【退出】按钮。

3）单击 按钮两次，进入【工具补正/形状】设定界面，如图 2-23 所示。在 "01" 番号对应的 X 中输入 $X_1 - X_2$ 的值，完成外圆车刀的 X 向对刀。

4）单击主轴正转按钮，起动主轴正转，然后单击 Z → - 按钮、X → - 按钮，车削

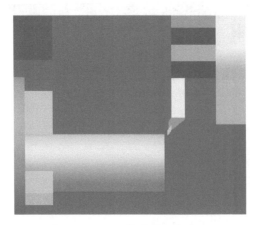

图 2-21 刀具移动到工件附近

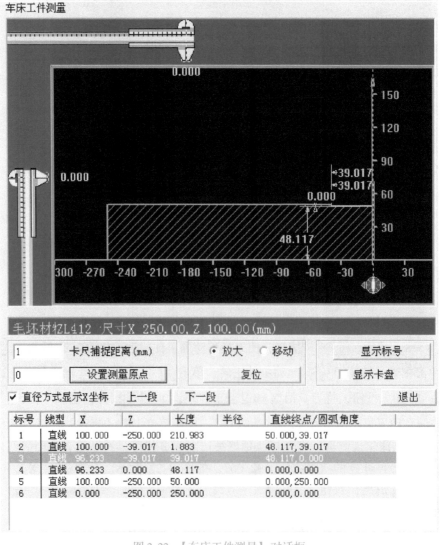

图 2-22 【车床工件测量】对话框

工件端面一小段；单击 ![按钮]按钮，主轴停转，单击 ![+]按钮，将刀具沿 X 轴退至工件外；单击 ![POS]按钮，记下显示的 Z 坐标 Z = 252.883。

5）单击 ![OFFSET SETTING]按钮两下，再次进入图 2-23 所示的【工具补正/形状】设定界面，在"01"番号对应的 Z 中输入 Z 值，完成外圆车刀的 Z 向对刀。

2. 切断刀的对刀

运行换刀程序，换 2 号切断刀，用与外圆车刀相同的对刀方法，分别得到切断刀的 X、Z 向对刀值，将其输入图 2-23 所示【工具补正/形状】设定界面"02"番号对应的 X、Z 中，完成切断刀的对刀。在对 Z 向时，刀具只要碰到端面，有切屑飞出即可，不能进行切削，否则第一把外圆车刀的 Z 向基准会被破坏。

两把刀具对刀后的【工具补正/形状】设定界面如图 2-24 所示，每次对刀得到的坐标值不一定相同。

（五）程序输入

单击 ![PROG]→![▨]按钮进入程序编辑界面，单击【操作】软键→![▶]按钮，再单击【F 检索】软键，在出现的对话框里找到保存的圆弧面轴记事本文件后单击【打开】按钮，回到程序编辑界面后单击【READ】软键，在数据输入区输入程序名"O0002"，单击【EXEC】，记事本文件中的程序即被导入数控系统当前界面中，如图 2-25 所示。

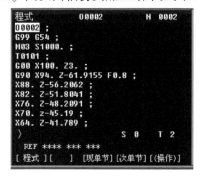

图 2-23　【工具补正/形状】设定界面

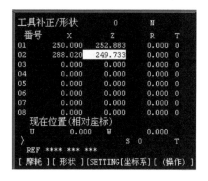

图 2-24　对刀后的形状补正值

（六）程序执行

程序输入后，进行回零操作，单击 ![▨]→![↑]按钮，程序被自动执行，进行仿真加工。圆弧面轴仿真加工结果如图 2-26 所示。

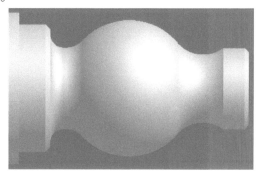

图 2-25　圆弧面轴程序

图 2-26　圆弧面轴仿真加工结果

【任务考核】

任务 2.3 评价表见表 2-15，采用得分制，本任务在课程考核成绩中的比例为 5%。

表 2-15　任务 2.3 评价表

评价内容	评分标准	配分
出　勤	出勤考核，每次 5 分，本任务共考核 3 次，缺课、迟到、早退均不得分	15
学习态度	设合格、不合格两个等级，共考核 5 次，凡出现在课堂上讲话、玩手机、看小说等破坏课堂纪律行为的均为不合格，合格者每次课得 3 分	15
任务资讯	将提交的资讯材料，分为优、良、合格、不合格四个等级，各等级分值比例分别为100%、80%、60%、40%	20
任务实施	将提交的圆弧面轴仿真加工图片，分为合格、不合格两个等级，各等级分值比例分别为100%、50%	35
任务总结	总结材料能反映任务实施过程、任务成果、个人工作，设合格、不合格两个等级，各等级分值比例分别为 100%、0%	5
职业素质	考察任务独立完成度、职业道德、主动性、合作性等	10

【任务总结】

数控仿真加工是对实际加工过程的模拟，操作时应严格按照数控车床安全操作规程进行，养成良好的车床操作习惯。

课后习题

1. 卡盘的种类有哪些？
2. 车床的常用夹具有哪些？
3. 简述宇龙数控系统仿真加工步骤。

螺纹轴的数控加工工艺设计与编程

图 3-1 所示螺纹轴的材料为 45 钢，单件生产，要求设计其数控车削加工工艺，填写数控车削工序卡、数控车削刀具卡，编制其数控车削程序并进行数控仿真加工。

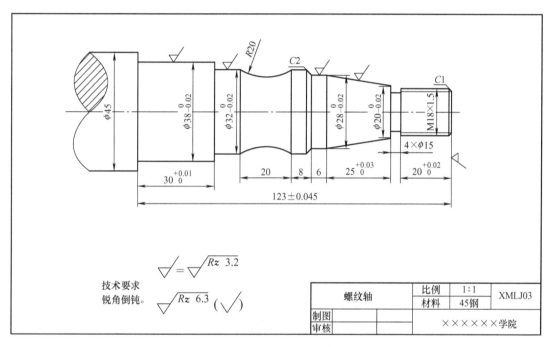

图 3-1　螺纹轴零件图

任务 3.1　螺纹轴数控加工工艺设计

【任务目标】

通过本任务的实施，掌握螺纹加工的基本知识，能编制图 3-1 所示螺纹轴的数控加工工序卡、刀具卡，能设计其加工路线。

【任务资讯】

（一）螺纹加工工艺

螺纹加工是数控车床的基本功能之一，主要加工类型有内（外）圆柱螺纹、圆锥螺纹、单线和多线螺纹，恒螺距和变螺距螺纹等。本项目主要探讨普通外螺纹的编程与加工，内螺纹的处理方法类似。

1. 螺纹的主要参数

普通外螺纹的主要参数有牙型角，螺距，螺纹大径、中径、小径，牙型宽度等。

牙型角：螺纹牙型上相邻两牙侧间的夹角，用 α 表示，对于普通螺纹，其值为 $60°$。

螺距：轴线方向上相邻两牙间对应点之间的距离，用 P 表示。

螺纹大径：与外螺纹牙顶相切的假想圆柱体的直径，也称为公称直径，用 d 表示。

螺纹中径：螺纹沟槽和凸起宽度相等的假想圆柱体的直径，用 d_2 表示，计算公式为 $d_2 = d - 0.6495P$。

螺纹小径：与外螺纹牙底相切的假想圆柱体的直径，用 d_1 表示。

牙型高度：螺纹原始三角形的顶点到底边的距离，用 h_1 表示。

2. 螺纹车削的进刀方法

车削螺纹时的进刀方法有两种：直进法和斜进法。

（1）直进法　如图 3-2a 所示，刀具从螺纹牙凹槽的中间位置进刀，每次切削时，车刀两侧的切削刃同时承受切削力。直进法进刀切削力大、切削用量低、螺纹精度高，适用于螺距小于 3mm 螺纹的加工。本项目零件采用直进法进刀。

（2）斜进法　如图 3-2b 所示，刀具从螺纹牙凹槽的一侧进刀，除第一刀外，每次切削只有一侧的切削刃承受切削力。斜进法进刀切削力小、切削用量大、螺纹精度低，适用于螺距大于或等于 3mm 螺纹的粗加工。

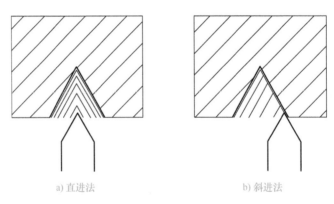

a) 直进法　　　　　　　　　b) 斜进法

图 3-2　螺纹加工进刀方法

3. 螺纹加工中常用参数的确定

加工螺纹之前，需要对一些尺寸进行数值计算，以获得螺纹编程时程序段的有关参数。

（1）螺纹实际加工直径的确定　螺纹切削加工过程是一个挤压、塑性变形、断裂的过程，外螺纹加工后直径会变大，因此，螺纹的实际大径应比公称直径小。一般可将实际加工直径车削到 $d_{实} = d - 0.1P$，或者根据材料变形能力的大小，车削到 $d_{实} = d - (0.1 \sim 0.4)\,\mathrm{mm}$。

（2）螺纹实际小径的确定　螺纹的实际小径可按公式 $d_{1实} = d - 1.3P$ 计算。

（3）螺纹实际牙型高度的确定　螺纹的实际牙型高度可按公式 $h_{1实} = 0.65P$ 计算。

（4）进刀段和退刀段距离的确定　由于机床伺服装置本身具有滞后性，主轴加速和减速过程中，在螺纹开始切削和停止切削阶段会出现螺距不规则的现象，为避免该现象的出现，要考虑刀具进刀段和退刀段的距离，因此，螺纹切削长度要比螺纹实际长度长，如

图 3-3 所示，一般 $\delta_1 = (2 \sim 3)P$，$\delta_2 = \delta_1/2$。

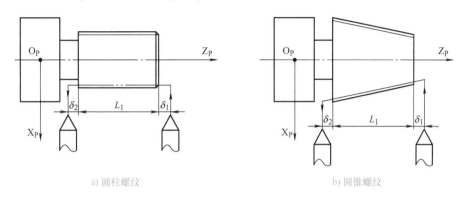

a) 圆柱螺纹　　　　　　　　　　　　　b) 圆锥螺纹

图 3-3　进、退刀段距离

（5）螺纹切削用量的确定

1）主轴转速。车削螺纹时的主轴转速由项目二中的式（2-1）计算确定。

2）进给量。车削螺纹时，车床主轴与刀具之间保持严格的运动关系，即主轴每转一转，刀具均匀地进给一个螺纹导程的距离。因此，加工单线螺纹时进给量等于螺距，即 $f = P$；加工多线螺纹时进给量等于导程，即 $f = P_h$。

3）进给次数和背吃刀量。采用直进法进刀，刀具越接近螺纹牙底，切削面积越大，切削力也越大。为避免因切削力过大而损坏刀具，背吃刀量应越来越小地分配。米制螺纹加工常用进给次数与背吃刀量见表 3-1。

表 3-1　米制螺纹加工常用进给次数与背吃刀量　　　　　　　　　　（单位：mm）

螺距		1	1.5	2	2.5	3	3.5	4
牙高（半径值）		0.65	0.975	1.3	1.625	1.95	2.275	2.6
总背吃刀量（直径值）		1.3	1.95	2.6	3.25	3.9	4.55	5.2
进给次数与背吃刀量（直径值）	1	0.7	0.8	0.8	1.0	1.2	1.5	1.5
	2	0.4	0.5	0.6	0.7	0.7	0.7	0.8
	3	0.2	0.5	0.6	0.6	0.6	0.6	0.6
	4		0.15	0.4	0.4	0.4	0.6	0.6
	5			0.2	0.4	0.4	0.4	0.4
	6				0.15	0.4	0.4	0.4
	7					0.2	0.2	0.4
	8						0.15	0.3
	9							0.2

（二）螺纹车刀

螺纹车刀是一种具有螺纹廓形的成形车刀，其结构简单、通用性好，可用来加工各种形状、尺寸和精度的螺纹，主要分为内螺纹车刀和外螺纹车刀两大类；按照被加工螺纹的形状，又可分为三角形螺纹车刀、矩形螺纹车刀、梯形螺纹车刀等。

螺纹车刀的材料有高速工具钢和硬质合金。高速工具钢螺纹车刀用于低速车削螺纹或精加工螺纹，进刀方法可以采用直进法，也可以采用斜进法；硬质合金螺纹车刀用于高速车削螺纹，进刀方法只能采用直进法。常用螺纹车刀如图 3-4 所示，三角形螺纹车刀的角度如图 3-5 所示。

图 3-4　常用螺纹车刀

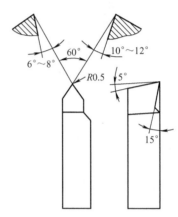

图 3-5　三角形螺纹车刀角度

【任务实施】

1. 零件结构分析

图 3-1 所示的螺纹轴主要由圆柱面、圆弧面和螺纹构成，其三维结构如图 3-6 所示。根据零件尺寸确定毛坯为 $\phi45\text{mm} \times 150\text{mm}$ 的棒料，径向上需要保证的尺寸有 $\phi38_{-0.02}^{~~0}\text{mm}$、$\phi32_{-0.02}^{~~0}\text{mm}$、$\phi28_{-0.02}^{~~0}\text{mm}$、$\phi20_{-0.02}^{~~0}\text{mm}$，长度方向上需要保证的尺寸有 $30_{0}^{+0.01}\text{mm}$、$25_{0}^{+0.03}\text{mm}$、$20_{0}^{+0.02}\text{mm}$ 和（123 ± 0.045）mm，螺纹退刀槽的尺寸为 $4\text{mm} \times \phi15\text{mm}$；圆柱面、圆锥面和右端面有表面粗糙度要求，其值为 $Rz\,3.2$。

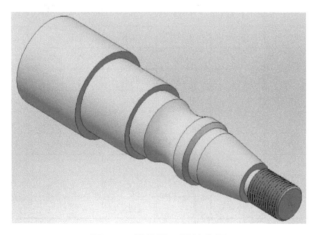

图 3-6　螺纹轴三维结构图

2. 车削工艺分析

（1）螺纹参数的计算　根据任务资讯中所述理论，螺纹加工参数计算如下：

螺纹实际大径 $d_{实} = d - 0.1P = (18 - 0.1 \times 1.5)\text{mm} = 17.85\text{mm}$

螺纹实际小径 $d_{1实} = d - 1.3P = (18 - 1.3 \times 1.5)\text{mm} = 16.05\text{mm}$

进刀段距离 $\delta_1 = 2P = 2 \times 1.5\,\mathrm{mm} = 3\,\mathrm{mm}$

退刀段距离 $\delta_2 = \delta_1/2 = 0.5 \times 3\,\mathrm{mm} = 1.5\,\mathrm{mm}$

查表 3-1 确定螺纹粗加工进给次数为 4 次，直径方向背吃刀量分别为 0.8mm、0.5mm、0.5mm、0.15mm；精加工进给次数为 1 次，直径方向背吃刀量 0。

主轴转速 $n \leq 1200/P - 80 = (1200/1.5 - 80)\,\mathrm{r/min} = 720\,\mathrm{r/min}$，取 $n = 700\,\mathrm{r/min}$。

（2）加工工艺的设计 螺蚊轴的加工过程为粗车外轮廓→精车外轮廓→车削 $R20\,\mathrm{mm}$ 圆弧→车螺纹退刀槽→车削螺纹→切断工件。轮廓的粗、精加工采用循环指令编程，不需要设计走刀路线，车削圆弧、退刀槽、螺纹的走刀路线如图 3-7 所示，数控加工工序卡和刀具卡见表 3-2 和表 3-3。

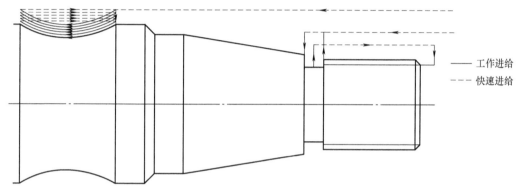

图 3-7 车削圆弧、退刀槽、螺纹加工走刀路线

表 3-2 螺纹轴数控加工工序卡

螺纹轴数控加工工序卡

零件名称	螺纹轴	加工方法	数控车		零件图号	XMLJ03
机床型号	CK6140	夹具	自定心卡盘		零件材料	45 钢
序号	工步内容	刀具代号	主轴转速/(r/min)	进给速度/(mm/r)	背吃刀量/mm	加工控制
1	安装工件	—	—	—	—	—
2	车端面	T01	1000	0.5	—	手动
3	粗车外轮廓	T01	1000	0.8	3	
4	精车外轮廓	T01	2000	0.3	0.5	
5	车 $R20\,\mathrm{mm}$ 圆弧	T02	2000	0.3	0.5	自动程序 O0003
6	车螺纹退刀槽	T03	600	0.2	—	
7	车螺纹	T04	700	0.075 ~ 0.4	1.5	
8	切断工件	T03	600	0.2	—	
编制		审核	批准		日期	

表 3-3　螺纹轴数控加工刀具卡

螺纹轴数控加工刀具卡

序号	刀具号	刀具名称	刀具材料	数量	加工内容	刀补
1	T01	90° 外圆车刀	硬质合金	1	车端面，粗、精车外轮廓	
2	T02	35° 尖刀		1	车 $R20mm$ 圆弧	
3	T03	4mm 切槽切断刀	硬质合金	1	车螺纹退刀槽、切断工件	
4	T04	60° 螺纹车刀	高速工具钢	1	车 M18 ×1.5 螺纹	
编制		审核		批准		日期	

【任务考核】

任务 3.1 评价表见表 3-4，采用得分制，本任务在课程考核成绩中的比例为 5%。

表 3-4　任务 3.1 评价表

评价内容	评分标准	配分
出　　勤	出勤考核，每次 5 分，本任务共考核 3 次，缺课、迟到、早退均不得分	15
学习态度	设合格、不合格两个等级，共考核 5 次，凡出现在课堂上讲话、玩手机、看小说等破坏课堂纪律行为的均为不合格，合格者每次课得 3 分	15
任务资讯	将提交的资讯材料，分为优、良、合格、不合格四个等级，各等级分值比例分别为 100%、80%、60%、40%	30
任务实施	将提交的工艺文件，分为优、良、合格、不合格四个等级，各等级分值比例分别为 100%、80%、60%、40%	25
任务总结	总结材料能反映任务实施过程、任务成果、组员工作，设合格、不合格两个等级，各等级分值比例分别为 100%、0%	5
职业素质	考察任务独立完成度、职业道德、主动性、合作性等	10

【任务总结】

　　螺纹相关参数的计算是制定螺纹加工工艺的内容之一。由于挤压等因素的影响，螺纹的实际直径要比公称直径小 $0.1P$ 左右，实际小径可通过经验公式计算获得，进给次数及背吃刀量可通过查表确定。

课后习题

　　1. 螺纹的主要参数有哪些？
　　2. 螺纹的进刀方法有哪两种？
　　3. 加工螺纹时如何确定主轴转速？
　　4. 螺纹加工进给次数和背吃刀量如何确定？
　　5. 简述螺纹车刀的分类。

任务 3.2 螺纹轴数控加工程序编制

【任务目标】

通过本任务的实施，掌握径向粗车循环指令、精车循环指令、固定形状车削循环指令、单一螺纹切削循环指令、子程序等程序编制知识，能根据任务 3.1 制定的工艺编制螺纹轴数控加工程序。

【任务资讯】

（一）循环指令

1. G71 指令

（1）指令功能 径向粗车循环指令（G71 指令）用于车削圆棒料毛坯，编程时只需指定精加工路线，系统会自动给出粗加工路线，主要切除棒料毛坯的大部分加工余量，切削是沿平行于 Z 轴的方向进行的。G71 指令循环进给路线如图 3-8 所示，A 点为毛坯外径与端面轮廓的交点 C 为循环起点，A′点为工件轮廓起点，B 点为工件轮廓终点，细实线为切削进给路线，虚线为退刀、空行程路线。

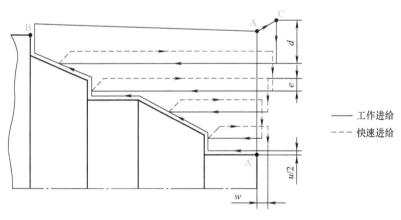

图 3-8 G71 指令循环进给路线

（2）编程格式

G71 U(Δd)　R(e)；

G71 P(ns)　Q(nf)　U(Δu)　W(Δw)　F(f)　S(s)　T(t)；

式中　Δd——每次背吃刀量，半径值，无正负号；

　　　e——退刀量，半径值，一般取 0.5～1mm；

　　　ns——精加工路线中第一个程序段号；

　　　nf——精加工路线中最后一个程序段号；

　　　Δu——X 向精车余量（直径值）；

　　　Δw——Z 向精车余量；

　　　f——进给速度；

s——主轴功能；

t——刀具功能。

（3）指令使用说明

1）如果 G71 指令之前的程序段中已经有 f、s、t，则在 G71 指令中可不指定；如果指定，则表示是粗车阶段的，包含在 ns～nf 程序段中的 f、s、t 在精车时有效，在粗车时无效。

2）工件轮廓必须沿 X、Z 轴方向单调增大或单调减小，否则易损坏刀具。

3）ns～nf 之间的程序段不能调用子程序，第一个程序段不能有 Z 方向的移动。

G72 指令为端面粗车循环指令，它的功能和编程格式与 G71 指令相同，但其切削平行于 X 轴方向进行，且编制精加工程序时要从工件轮廓终点编向轮廓起点，其进给路线如图 3-9 所示。G72 指令同样要求工件形状单调增大或减小。

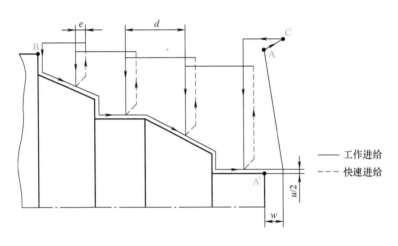

图 3-9　G72 循环进给路线

2. G70 指令

（1）指令功能　精车循环指令（G70 指令）用于切除粗加工中留下的精加工余量 Δu、Δw。

（2）编程格式

G70 P(ns)　Q(nf)；

式中，ns 为精加工路线中第一个程序段号；nf 为精加工路线中最后一个程序段号。

（3）指令使用说明　G70 指令与粗车循环指令配合使用时，不一定紧跟在粗加工程序段之后立即进行，可以更换刀具，用精加工刀具来执行 G70 指令程序段，但中间不能用 M02 或 M30 指令结束程序。

例 3-1　用 G71、G70 指令编制图 3-10 所示工件的粗、精加工程序。毛坯尺寸为 $\phi 60\text{mm} \times 100\text{mm}$，A 点为循环起点，坐标为（60，2），粗车背吃刀量为 3mm，退刀量为 1mm，X、Z 轴方向的精车余量为 0.3mm，其余切削用量自定。

参考程序见表 3-5。

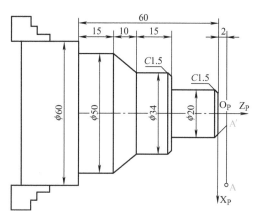

图 3-10　G71、G70 指令应用举例

表 3-5　例 3-1 参考程序

程　　序		注　　释
O0031；		程序名
N10	G54 G98；	调用第一工件坐标系
N20	M03 S1000；	主轴正转，转速为 1000r/min
N30	T0101；	调用 1 号刀，1 号刀补
N40	G00 X60. Z2.；	快进到循环起点
N50	G71 U3. R1.；	径向粗车循环
N60	G71 P70 Q150　U0.3 W0.3 F100.；	
N70	G01 X13. F50.；	
N80	X20. Z−1.5；	
N90	Z−20.；	
N100	X31.；	
N110	X34. W−1.5；	精加工程序段
N120	Z−35.；	
N130	X50. W−10.；	
N140	W−15.；	
N150	X62.；	
N160	G70 P70 Q150；	精加工循环
N170	G00 X80. Z80.；	返回
N180	M30；	程序结束

3. G73 指令

（1）指令功能　固定形状车削循环指令（G73 指令）的功能是按照一定的切削形状逐渐地接近最终形状。用于已基本铸造、锻造、粗加工成形或形状不是单调增、减的工件的粗车，其进给路线如图 3-11 所示。

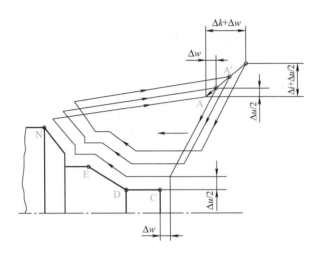

图 3-11 G73 指令循环进给路线

（2）编程格式

G73 U(Δi)　　W(Δk)　　R(Δd)；

G73 P(ns)　　Q(nf)　　U(Δu)　　W(Δw)　　F(f)　　S(s)　　T(t)；

式中　Δi——X 向的总退刀量，向 +X 轴方向退刀时，Δi 为正，反之为负，一般 Δi =（毛坯尺寸 – 工件最小尺寸）/2；

　　　Δk——Z 向的总退刀量，向 +Z 轴方向退刀时，Δk 为正，反之为负，其值可以与 Δi 相等，也可以取为 0；

　　　Δd——循环加工次数，$\Delta d = \Delta i/(1 \sim 2.5)$；

其余参数的含义与 G71 指令相同。

例 3-2　外圆车刀为 3 号刀，粗、精车主轴转速分别为 800r/min、1000r/min，进给速度分别为 120mm/min、100mm/min，X 方向精车余量为 1mm，Z 方向精车余量为 0.5mm，试编程加工图 3-12 所示工件。

因为该工件外形不是单调增或单调减，所以选用 G73 指令编程粗加工其外形，Δi =（毛坯尺寸 – 工件最小尺寸）/2 = [40 –（24 – 10）] mm/2 = 13mm，$\Delta k = \Delta i = 13$mm，$\Delta d = \Delta i/(1 \sim 2.5)$，取 $\Delta d = \Delta i/1.3 = 10$ 次。工件上有

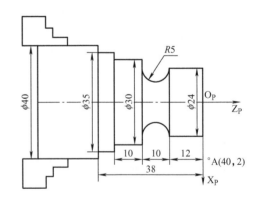

图 3-12 G73 指令应用举例（一）

$R5$mm 的凹圆弧，因此选用 93°左偏刀，副偏角和后角较小，以防止刀具与工件轮廓发生干涉。A 点为循环起点，参考程序见表 3-6。

表 3-6　例 3-2 参考程序

程　　序		注　　释
O0032；		程序名
N10	G54 G98；	零点偏置，进给量单位为 mm/min
N20	M03 S800；	主轴正转，转速为 800r/min
N30	T0303；	调用 3 号刀
N40	G00 X40. Z2. ；	快进到循环起点
N50	G73 U13. W0. R20；	固定形状粗车循环
N60	G73 P70 Q140 U1. W0.5 F120. ；	
N70	G01 X24. F100. S1000；	精车轮廓
N80	W－14. ；	
N90	G02 X24. W－10. R5. ；	
N100	G01 X30. ；	
N110	W－10. ；	
N120	X35. ；	
N130	Z－38. ；	
N140	X45. ；	
N150	G70 P70 Q140；	精车循环
N160	G00 X80. Z80. ；	返回
N170	M05；	主轴停
N180	M30；	程序结束

例 3-3　外圆车刀为 1 号刀，粗、精车主轴转速分别为 1000r/min、1500r/min，进给速度分别为 0.8mm/r、0.2mm/r，X 方向精车余量为 0.5mm，Z 方向精车余量为 0.2mm，试编程加工图 3-13 所示工件。

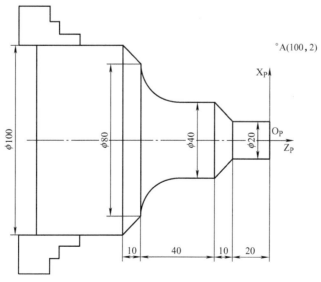

图 3-13　G73 指令应用举例（二）

经计算得 $\Delta i = 40\text{mm}$、$\Delta k = \Delta i = 40\text{mm}$、$\Delta d = 10\text{mm}$，按照图示坐标系，该工件外形单调增加，既可以用 G71 指令编程进行粗车，也可以用 G73 指令编程，参考程序见表 3-7。

表 3-7 例 3-3 参考程序

程　序		注　释
O0033；		程序名
N10	G54 G99；	零点偏置，进给量单位为 mm/r
N20	M03 S1000；	主轴正转，转速为 1000r/min
N30	T0101；	调用 1 号刀
N40	G00 X100. Z2.；	快进到循环起点 A
N50	G73 U40. W40. R10；	固定形状粗车循环
N60	G73 P70 Q130 U0.5 W0.2 F0.8；	
N70	G01 X20. F0.2 S1500；	精车轮廓
N80	Z-20.；	精车进给量为 0.2mm/r
N90	X40. W-10.；	主轴转速为 1500r/min
N100	Z-50.；	如果用 G71 编程，则 N50、N60
N110	G02 X80. W-20. R20.；	程序段换成
N120	G01 X100. W-10.；	G71 U4. R1.；
		G71 P70 Q130 U0.5 W0.2 F0.8；
N130	G00 X105.；	
N140	G70 P70 Q130；	精车循环
N150	G00 Z80.；	返回
N160	M05；	主轴停
N170	M30；	程序结束

4. G92 指令

（1）指令功能　单一螺纹切削循环指令（G92 指令），用来加工圆柱或圆锥螺纹，运动过程包含切入→螺纹车削→退刀→返回四个动作，其循环轨迹如图 3-14 所示，每指定一次，自动完成一次螺纹切削循环。

（2）编程格式

圆柱螺纹：G92 X（U）Z（W）F；

圆锥螺纹：G92 X（U）Z（W）R F；

（3）指令使用说明

1）X、Z 为螺纹切削终点的绝对坐标；U、W 为螺纹切削终点相对于切削起点的增量坐标；R 为圆锥螺纹切削起点和终点的半径差，其值为起点半径减终点半径；F 为螺纹导程，单线螺纹的导程 = 螺距，多线螺纹的导程 = 螺距×线数。

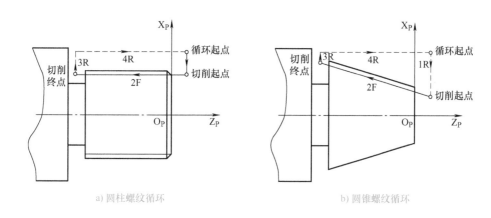

a) 圆柱螺纹循环　　　　　　　　　　　b) 圆锥螺纹循环

图 3-14　螺纹切削循环

R—快速移动　F—切削进给

2）一般来说，车外螺纹时，循环起点的 X 值应比螺纹大径大 1～2mm，循环起点与螺纹起点在 Z 向的距离为进刀段距离；车内螺纹时，循环起点的 X 值应比螺纹小径小 1～2mm，循环起点与螺纹起点在 Z 向的距离为进刀段距离。

例 3-4　如图 3-15 所示，工件外形和退刀槽已加工完成，编程加工图示螺纹，螺纹车刀为 2 号刀。

根据螺纹标记 M30×3，查表 3-1 得螺纹切削进给次数为 7 次，每次背吃刀量分别为 1.2mm、0.7mm、0.6mm、0.4mm、0.4mm、0.4mm、0.2mm，则

螺纹实际大径 $d_{实} = d - 0.1P = (30 - 0.1 \times 3)\,\mathrm{mm} = 29.7\,\mathrm{mm}$

螺纹实际小径 $d_{1实} = d - 1.3P = (30 - 1.3 \times 3)\,\mathrm{mm} = 26.1\,\mathrm{mm}$

进刀段距离 $\delta_1 = 2P = 2 \times 3\,\mathrm{mm} = 6\,\mathrm{mm}$

退刀段距离 $\delta_2 = \delta_1 / 2 = 3\,\mathrm{mm}$。

参考程序见表 3-8。

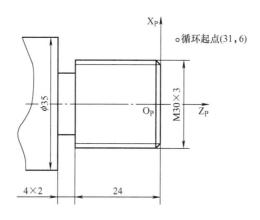

图 3-15　G92 指令加工圆柱螺纹

表 3-8　例 3-4 参考程序

程　序		注　释
O0034；		程序名
N10	G54 G99；	零点偏置，进给量单位为 mm/r
N20	M03 S600；	主轴正转，转速为 600r/min
N30	T0202；	调用 2 号刀
N40	G00 X31. Z6.；	快进到循环起点
N50	G92 X28.8 Z-27. F3.；	螺纹切削第一刀
N60	X28.1；	螺纹切削第二刀
N70	X27.5；	螺纹切削第三刀
N80	X27.1；	螺纹切削第四刀
N90	X26.7；	螺纹切削第五刀
N100	X26.3；	螺纹切削第六刀
N110	X26.1；	螺纹切削第七刀
N120	G00 X40.；	返回，先 X 向退刀再 Z 向返回，可避免刀具与工件碰撞
N130	Z80.；	
N140	M05；	主轴停
N150	M30；	程序结束

例 3-5　如图 3-16 所示，工件外形和退刀槽已加工完成，编程加工图示螺纹，螺距为 2mm，螺纹车刀为 3 号刀。

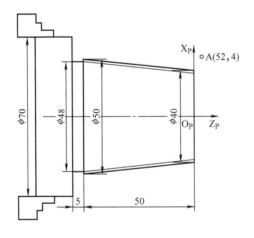

图 3-16　G92 加工圆锥螺纹

进刀段距离 $\delta_1 = 2P = 2 \times 2\text{mm} = 4\text{mm}$，退刀段距离 $\delta_2 = \delta_1/2 = 2\text{mm}$，$R = (50-40)\text{mm}/2 = 5\text{mm}$；根据进、退刀距离计算螺纹切削终点坐标为（50.4，-52）；根据螺距查表 3-1，得螺纹切削进给次数为 5 次，每次背吃刀量分别为 0.8mm、0.6mm、0.6mm、0.4mm、0.2mm。参考程序见表 3-9。

表 3-9 例 3-5 参考程序

程　　序		注　　释
O0035；		程序名
N10	G54 G99；	零点偏置，进给量单位为 mm/r
N20	M03 S600 T0202；	主轴正转，转速为 600r/min，调用 2 号刀
N30	G00 X52. Z4. ；	快进到循环起点
N40	G92 X49.6 Z－52. R－5. F2. ；	螺纹切削第一刀
N50	X49. ；	螺纹切削第二刀
N60	X48.4；	螺纹切削第三刀
N70	X48.0；	螺纹切削第四刀
N80	X47.8；	螺纹切削第五刀
N90	G00 X80. ；	退刀返回
N100	Z80. ；	
N110	M05；	主轴停
N120	M30；	程序结束

（二）子程序

1. 子程序的定义

在数控车削中，工件上有时会出现一些几何形状完全相同的加工轨迹，因此编制程序时，会出现一些重复的程序段。为简化程序，常将这些重复的程序段编成一个独立的程序，进行反复调用，这个程序称为子程序。

将子程序存储于数控系统中，需要时，可以用主程序调用子程序，子程序执行完后又回到主程序，继续执行后面的程序段。子程序还可以调用另一个子程序，称为子程序的嵌套，如图 3-17 所示。子程序嵌套的层数依系统而定，FANUC 系统允许四级嵌套。

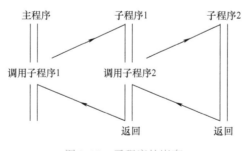

图 3-17 子程序的嵌套

2. 子程序的调用

（1）子程序的格式

O××××；

⋮

M99；

其中，"O××××"为子程序名，命名规则与主程序相同；M99 为子程序结束符，表示子程序调用结束并返回主程序。

（2）子程序的调用格式

M98 P××××□□□□；

其中，□□□□为被调用的子程序号，不足四位数时补 0；××××为调用次数，只调用一次时可以省略，系统允许重复调用次数为 1 ～ 9999。例如，M98 P020002 表示调用程序号为 0002 的子程序两次。

例 3-6　编程加工图 3-18 所示沟槽。

图 3-18 中的沟槽尺寸是相同的，选用刀宽为 3mm 的切槽刀，刀号为 1 号，编制主程序和子程序，见表 3-10。

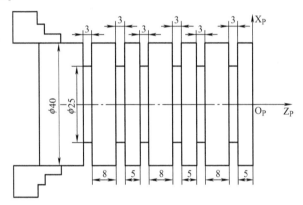

图 3-18　子程序编程举例

表 3-10　例 3-6 参考程序

主程序		子程序	
程序	注释	程序	注释
O00036；	主程序名	O3601；	子程序名
G54 G21 G99；	零点偏置，米制编程，进给量单位为 mm/r	G00 W - 8.；	定位到槽位置
M03 S600；	主轴正转，转速为 600r/min	G01 X25. F0.2；	槽加工
T0101；	调用 1 号切槽刀	G04 P1000；	槽底停留 1s
G00 X43. Z0.；	快进到起刀点	G00 X43.；	退刀
M98 P00033601；	调用槽加工子程序三次	G00 W - 11.；	定位到槽位置
G00 X50.；	退刀	G01 X25. F0.2；	槽加工
Z40.；		G04 P1000；	槽底停留 1s
M05；	主轴停	G00 X43.；	退刀
M30；	程序停	M99；	返回主程序

例 3-7　编程加工图 3-19 所示圆弧，圆弧车刀为 1 号刀。

图 3-19 中的圆弧尺寸是相同的，排列规则，可将圆弧加工程序编写成子程序。考虑到凹圆弧加工干涉的可能性，选用 93°左偏刀，圆弧加工背吃刀量为 0.5mm，分三次切削，走刀路线如图 3-20 所示，主程序和子程序见表 3-11。

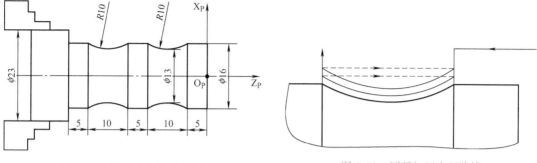

图 3-19　子程序的嵌套使用　　　　　图 3-20　圆弧加工走刀路线

表 3-11　例 3-7 参考程序

主程序		子程序 1	
程　序	注　释	程　序	注　释
O0037；	主程序名	O3701；	子程序名
G54；	零点偏置	G00 W－5.；	定位圆弧起点
M03 S1000；	主轴正转，转速为 1000r/min	X19.；	
T0101；	调用 1 号刀	M98 P033711；	调用子程序 2 三次
G00 X23. Z2.；	定位到起刀点	G00 W－10.；	
G90 X16. Z－35. F0.2；	车削 φ16mm 圆柱	M99；	返回主程序
G00 X25. Z0.；	定位到圆弧加工起点	子程序 2	
M98 P00023701；	调用子程序 1 两次	O3711；	子程序名
G00 X40. Z40.；	返回	G01 U－1. F0.2；	直径方向进给 1mm
M05；	主轴停	G02 W－10. R10.；	圆弧切削
M30；	程序结束	G00 W10.；	返回
		M99；	返回子程序 1

■·**【任务实施】**

　　由图 3-1 可知，径向尺寸和长度尺寸有公差要求，为保证尺寸公差，取极限尺寸的平均值作为编程尺寸，则各设计尺寸的编程尺寸见表 3-12。根据任务 3.1 所制定的螺蚊轴数控加工工序卡、刀具卡、走刀路线及上述理论，留精加工余量 X 方向为 0.5mm、Z 方向为 0mm，在工件右端面建立螺纹轴工件坐标系。螺纹轴数控加工程序单见表 3-13。

表 3-12　螺纹轴各设计尺寸的编程尺寸　　　　　　　　　　　（单位：mm）

设计尺寸	编程尺寸	螺纹车削每次背吃刀量	螺纹编程直径
$\phi 38 _{-0.02}^{0}$	φ37.99	0.8	17.2
$\phi 32 _{-0.02}^{0}$	φ31.99	0.5	16.7
$\phi 28 _{-0.02}^{0}$	φ27.99	0.5	16.2
$\phi 20 _{-0.02}^{0}$	φ19.99	0.15	16.05
$30 _{0}^{+0.01}$	30.005	0	16.05
$25 _{0}^{+0.03}$	25.015		
$20 _{0}^{+0.02}$	20.01		

表 3-13　螺纹轴数控加工程序单

螺纹轴数控加工程序单				程序号		00003
零件号	XMLJ03	零件名称	螺纹轴	编制	审核	

程序段号	程序段	注释
N10	G54 G21 G99;	调用工件第一坐标系，初始化
N20	M03 S1000;	起动主轴正转，转速为1000r/min，粗加工
N30	T0101;	调用1号外圆车刀
N40	G00 X50. Z2.;	快进到起刀点
N50	G71 U3. R1.;	粗加工循环
N60	G71 P60 Q160 U0.5 W0. F0.8;	
N70	G01 X12. F0.3 S2000;	精车工件轮廓
N80	X17.85 Z-1.;	
N90	Z-24.01;	
N100	X19.99;	
N110	X27.99 W-25.015;	
N120	W-6.;	
N130	X31.99 W-2.;	
N140	Z-93.;	
N150	X37.99;	
N160	W-30.005;	
N170	X50.;	
N180	G70 P60 Q160;	精加工循环
N190	G00 Z50;	
N200	T0202;	换2号刀35°尖刀车R20mm圆弧
N210	S2000;	主轴转速为2000r/min，精加工
N220	G00 X38. Z-63.025;	定位到圆弧车削起点上方
N230	M98 P00060031;	调用车圆弧子程序
N240	G00 X50.;	退刀
N250	Z50.;	
N260	T0303;	换3号切槽刀
N270	S600;	主轴转速为600r/min，切槽
N280	G00 X50. Z-24.;	定位到槽位置
N290	G01 X15. F0.2;	切槽
N300	G04 X1.;	槽底停留1s
N310	G00 X50.;	退刀
N320	Z50.;	
N330	T0404;	换4号螺纹车刀
N340	S700;	主轴转速为700r/min，车螺纹
N350	G00 X20. Z3.;	定位到螺纹循环起点
N360	G92 X17.2 Z-21.51 F1.5;	螺纹加工第一刀

（续）

螺纹轴数控加工程序单			程序号		00003	
零件号	XMLJ03	零件名称	螺纹轴	编制		审核
程序段号	程序段			注释		
N370	X16.7；			螺纹加工第二刀		
N380	X16.2；			螺纹加工第三刀		
N390	X16.05；			螺纹加工第四刀		
N400	X16.05；			螺纹精加工		
N410	G00 X50.；			退刀		
N420	Z50.；					
N430	T0303；			换 3 号切断刀		
N440	S600；			主轴转速为 600r/min，切断		
N450	G00 X50.；			定位到切断处		
N460	Z－123.；					
N470	G01 X－0.5 F0.2；			切断		
N480	G00 X50.；			退刀		
N490	Z50.；					
N500	M05；			主轴停		
N510	M30；			程序结束		
子程序						
O0031；				子程序号		
N10	G01 U－1. F0.3；			进刀		
N20	G02 W－20. R20.；			车削 $R20mm$ 圆弧		
N30	G00 W20.；			返回		
N40	M99；			返回主程序		

■【任务考核】

任务 3.2 评价表见表 3-14，采用得分制，本任务在课程考核成绩中的比例为 5%。

表 3-14　任务 3.2 评价表

评价内容	评分标准	配分
出　勤	出勤考核，每次 5 分，本任务共考核 3 次，缺课、迟到、早退均不得分	15
学习态度	设合格、不合格两个等级，共考核 5 次，凡出现在课堂上讲话、玩手机、看小说等破坏课堂纪律行为的均为不合格，合格者每次课得 3 分	15
任务资讯	将提交的资讯材料，分为优、良、合格、不合格四个等级，各等级分值比例分别为 100%、80%、60%、40%	30
任务实施	将提交的螺纹轴程序单，分为优、良、合格、不合格四个等级，各等级分值比例分别为 100%、80%、60%、40%	25
任务总结	总结材料能反映任务实施过程、任务成果、个人工作，设合格、不合格两个等级，各等级分值比例分别为 100%、0%	5
职业素质	考察任务独立完成度、职业道德、主动性、合作性等	10

【任务总结】

　　复合循环指令和子程序均可用来简化编程。复合循环指令通常用在加工余量较大的情况下，只需要在程序中对工件轮廓的走刀轨迹和相关加工参数进行设定，机床即可完成从粗加工到精加工的全过程；子程序则用在工件轮廓有相似或相同结构的情况下，将相似或相同结构的加工单独编写为一个程序，通过在主程序中调用子程序，来完成相似或相同结构的重复加工。

　　车削螺纹时，进给速度分为三个阶段：起始时的升速进刀段、正常速度车削段、结束时的降速退刀段，升速进刀段和降速退刀段是考虑机床伺服系统的滞后性而设置的。螺纹车削为成形加工，切削进给量较大，刀具强度较差，一般要求分数次进给加工，进给次数和每次进给的背吃刀量可通过查表获得。

课后习题

1. 螺纹加工进刀段和退刀段距离如何确定？
2. 多重循环加工指令有哪些？
3. G92 指令的运动过程包含哪四个动作？
4. 何为子程序？主程序如何调用子程序？
5. 何为子程序嵌套？

任务 3.3　螺纹轴数控仿真加工

【任务目标】

　　通过本任务的实施，掌握车刀的几何角度、凹弧成形表面的加工等，并进一步掌握 FANUC 0i Mate‑TC 数控车床操作面板、各按钮功能、操作步骤，能进行螺纹轴的数控仿真加工。

【任务资讯】

（一）车刀的几何角度

1. 车刀的基本术语

车刀切削部分的结构要素如图 3-21 所示。

前面：切屑流过的表面。

主后面：与过渡表面相对的表面。

副后面：与已加工表面相对的表面。

主切削刃：前面与主后面的交线。

副切削刃：前面与副后面的交线。

2. 车刀的正交参考系

刀具的几何角度是在一定的平面参考系中确

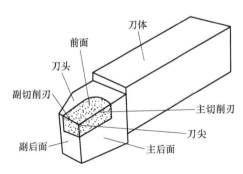

图 3-21　车刀切削部分的结构要素

定的，一般有正交平面参考系、法平面参考系和假定工作平面参考系，如图3-22所示。

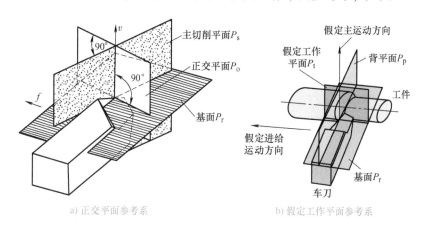

a) 正交平面参考系　　b) 假定工作平面参考系

图3-22 车刀的平面参考系

（1）正交平面参考系 车刀的正交平面参考系由基面、主切削平面、正交平面组成。

基面 P_r：过切削刃选定点平行或垂直于刀具安装面的平面。

主切削平面 P_s：过切削刃选定点与主切削刃相切并垂直于基面的面。

正交平面 P_o：过切削刃选定点同时垂直于切削平面和基面的面。

（2）法平面参考系 车刀的法平面参考系由基面、主切削平面、法平面组成。

法平面 P_n（图中未标出）：过切削刃选定点且垂直于切削刃的平面。

（3）假定工作平面参考系 车刀的假定工作平面参考系由基面、假定工作平面、背平面组成。

假定工作平面 P_t：过切削刃选定点平行于假定进给运动方向并垂直于基面的平面。

背平面 P_p：过切削刃选定点与假定工作平面、基面都垂直的平面。

3. 车刀的标注角度

车刀的标注角度是在正交平面参考系中确定的，是刀具工作图上标注的角度，如图3-23所示。

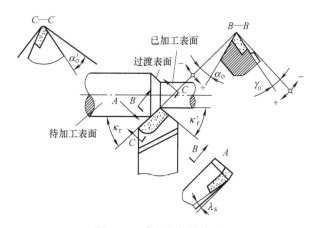

图3-23 车刀的标注角度

前角 γ_o：在主切削刃选定的正交平面内，前面与基面之间的夹角。

后角 α_o：在正交平面内，主后面与基面之间的夹角。

主偏角 κ_r：主切削刃在基面上的投影与进给方向的夹角。

副偏角 κ'_r：副切削刃在基面上的投影与进给反方向的夹角。

刃倾角 λ_s：在切削平面内，主切削刃与基面的夹角。

（二）凹弧成形表面的加工

加工凹弧成形表面时，使用的刀具有成形车刀、尖形车刀、棱形偏刀等，如图 3-24 所示。加工半圆弧或半径较小的圆弧表面时可选用成形车刀；精度要求不高时可采用尖形车刀；加工成形表面后还需加工台阶表面时可选用 90° 棱形偏刀，但副偏角要较大，以防产生干涉。本项目中，$R20mm$ 圆弧的加工选用主偏角为 72.5°、刀尖角为 35° 的尖形车刀可满足要求。

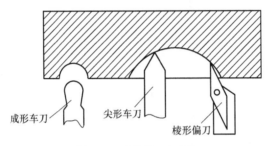

图 3-24 凹弧加工刀具

【任务实施】

螺纹轴数控仿真加工过程如下。

（一）开机床

1）单击开始菜单中的【数控加工仿真系统】，启动【仿真加工系统】对话框，单击【快速登录】进入系统。

2）单击工具栏上的 按钮，打开【选择机床】对话框，如图 3-25 所示，分别选择 "FANUC""FANUC 0I""车床""标准（斜床身后置刀架）"，然后单击【确定】按钮完成机床的选择。

3）查看急停按钮 🔘 是否按下，如果是按下状态，则单击，使其呈松开状态 🔘 。

4）单击 ▪ 按钮，起动机床，此时 机床电机|伺服控制 上方的指示灯亮。

（二）回零

开机后回零，具体操作如下：单击回原点按钮 ⊙ ，使其上方指示灯亮，然后单击 ⊠ → ＋ 按钮， X原点灯 按钮上方指示灯亮，X 向回到原点；再单击 ⊠ → ＋ 按钮， Z原点灯 按钮上方指示灯亮，Z 向回到原点，回零操作完毕。回原点后，坐标系显示如图 3-26 所示。

（三）安装工件、刀具

1）单击工具栏上的 ▱ 按钮，打开【定义毛坯】对话框，如图 3-27 所示，定义毛坯名为 "螺纹轴"，材料选择 45 钢，输入合适的工件尺寸，单击【确定】按钮，完成毛坯定义。

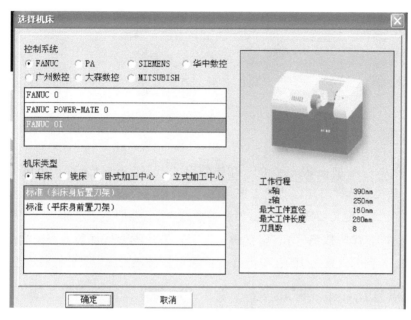

图 3-25 【选择机床】对话框

图 3-26 回原点后坐标系显示

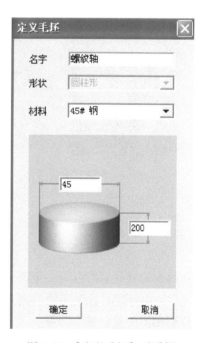

图 3-27 【定义毛坯】对话框

2）单击工具栏上的 ⚒ 按钮，打开【选择零件】对话框，如图 3-28 所示，选择螺纹轴毛坯，单击【安装零件】按钮，完成工件的装夹。

3）本项目一共用到四把刀：粗、精加工外圆的外圆车刀，加工圆弧的外圆尖刀，切槽切断刀、螺纹车刀。单击工具栏上的 ⚒ 按钮，打开【车刀选择】对话框，如图 3-29 所示。单击数字 "1" 定义外圆车刀：刀片类型选择 D，刀柄类型选择向左运动的主偏角为 93°的

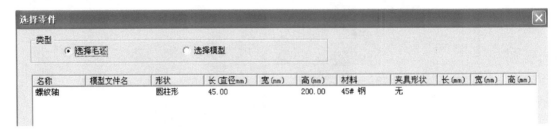

图 3-28　【选择零件】对话框

J，刀尖半径设为 0，X 向长度设为 100；单击数字"2"定义加工圆弧的外圆尖刀：刀片类型选择 V，刀柄类型选择向左运动的主偏角为 72.5°的 V，刀尖半径设为 0，X 向长度设为 100；单击数字"3"定义切槽切断刀：刀片类型选择▌，刀柄类型选择▐，刀尖半径设为 0，X 向长度设为 100；单击数字"4"定义螺纹车刀：刀片类型选择◈，刀柄类型选择⬆，刀尖半径设为 0，X 向长度设为 100，单击【确认退出】按钮完成刀具的安装。

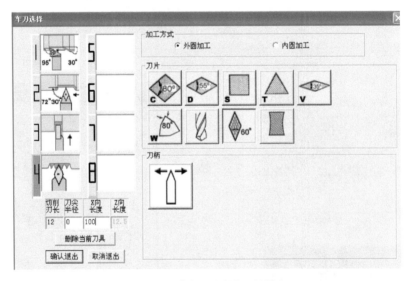

图 3-29　【车刀选择】对话框

（四）对刀

本项目中刀具的对刀以第一把刀——外圆车刀为基准，因此，Z 向对刀时首先用第一把刀车削端面，其余刀具均只要用刀尖碰触端面即可。

1. 外圆车刀对刀

1）单击手动按钮 ，使其上方指示灯亮，切换到手动模式，单击 X → - 按钮、 Z → - 按钮，使刀具移动到工件附近，如图 3-30 所示。

2）单击主轴正转按钮 🔲，起动主轴正转，单击 Z → - 按钮，车削工件外圆一小段；单击 + 按钮，将刀

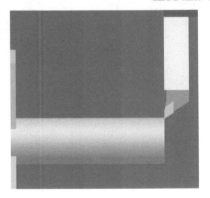

图 3-30　刀具移动到工件附近

具沿 Z 轴退至工件外，单击 按钮，主轴停转；单击 POS 按钮，记下显示的 X 坐标 X_1 = 292.1。单击菜单中的【测量】→【剖面测量】→【是】，打开【车床工件测量】对话框，选择被切削部分线段进行测量，选中的线段从红色变成橙黄色，记下对应的 X 值 X_2 = 42.100，如图 3-31 所示。计算 $X_1 - X_2$，记为 X = 250.000，单击【退出】按钮。

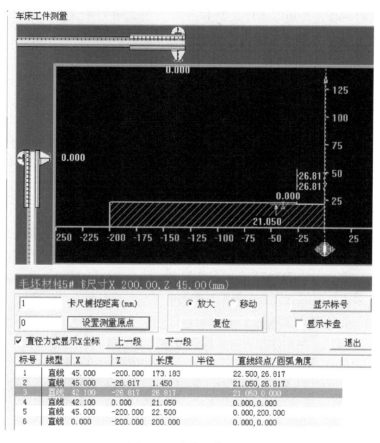

图 3-31　车床工件测量

3）单击主轴正转按钮 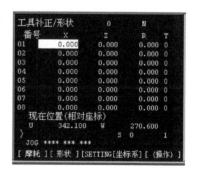，起动主轴正转，然后单击 Z → 按钮、X → 按钮，车削工件端面；单击 按钮，主轴停转，单击 + 按钮，将刀具沿 X 轴退至工件外；单击 POS 按钮，记下显示的 Z 坐标 Z = 198.183。

4）单击 OFFSET SETTING 按钮两下，进入图 3-32 所示的【工具补正/形状】设定界面，在 "01" 番号对应的 X 中输入记下的 $X_1 - X_2$ 值，单击 INPUT 按钮，X 下的值变为 "250."；单击 → 按钮，将光标定位到 Z，在 Z 中输入记下的 Z 值，单击 INPUT 按钮，Z 下的值变为 "198.183"，完成第一把刀的对刀。

图 3-32　【工具补正/
形状】设定界面

2. 外圆尖刀对刀

1）单击 PROG 按钮和 MDI 上的 按钮，输入 "O0001;"，新建一个程序，暂定程序名为

O0001；继续输入"G54 T0202；"，单击 <kbd>INSERT</kbd> 按钮，输入该换刀程序段。

2）单击自动运行按钮 <kbd>⇨</kbd>→循环起动按钮 <kbd>I</kbd>，执行程序 O0001，将加工圆弧的 2 号外圆尖刀换到当前切削位置。

3）用前述方法进行端面切削，但只让刀具接触到端面，有切屑即可，不切削工件，单击 <kbd>POS</kbd> 按钮记下 Z 值。当刀具非常接近工件时，可单击 <kbd>⊡</kbd> 按钮和 <kbd>◎</kbd> 按钮，切换到手轮状态，小距离进给，如图 3-33 所示，如果要手轮中的任一按钮向左移，则单击鼠标左键；如果要向右移，则单击鼠标右键，"X1"表示移动距离为 0.001mm，"X10"表示移动距离为 0.01mm，"X100"表示移动距离为 0.1mm。

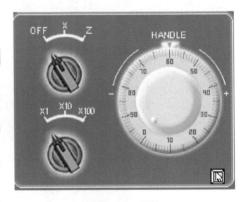

图 3-33　手轮

4）用前述方法进行外圆切削，X 向进给量应尽可能小，记下 $X_1 - X_2$ 的值。

5）单击 <kbd>OFFSET SETTING</kbd> 按钮两下，再次进入图 3-32 所示的【工具补正/形状】设定界面，在"02"番号对应的 X 中输入记下的 $X_1 - X_2$ 值，在 Z 中输入记下的 Z 值，完成第二把刀具的对刀。

3. 切槽切断刀和螺纹车刀对刀

第三把刀和第四把刀的对刀方法与第二把刀相同，需要注意的是：换第三把刀时单击 <kbd>PROG</kbd> 按钮和编辑按钮 <kbd>◈</kbd>，将程序段改为"G54 T0303"，换第四把刀时将程序段改为"G54 T0404"；在【工具补正/形状】设定界面中输入 X、Z 值时，要与番号"03"和"04"的 X、Z 相对应。四把刀具对刀后的【工具补正/形状】设定界面如图 3-34 所示。

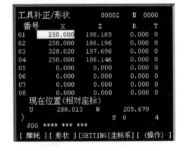

图 3-34　四把刀对刀后的
【工具补正/形状】设定界面

（五）程序输入

1. 新建程序

单击 <kbd>INSERT</kbd> 按钮，然后单击 MDI 上的 <kbd>⊡</kbd> 按钮，输入程序名"O0003"，即可建立新的程序。注意：程序号和其后的"；"要分别输入，即先输入程序号，单击 <kbd>INSERT</kbd> 按钮，然后输入"；"，再单击 <kbd>INSERT</kbd> 按钮。在新程序建立后，可以通过键盘输入各程序段。

也可用任务 2.3 中介绍的方法输入程序。

2. 程序的选择

在程序编辑状态下，输入要选择的程序号，单击软键【操作】→【检索】，即可找到对应的程序，其中【O 检索】为从当前程序向前检索，【检索↓】为从当前程序向后检索。

（六）仿真加工

程序输入后，需要进行检查，看程序段中 X、Z、F、S 后的数值是否缺少小数点，如果数值本身就是小数，则数值后不要再加小数点。检查无误后，将刀具回零，单击按钮 <kbd>PROG</kbd>→<kbd>⇨</kbd>→<kbd>I</kbd>，进行程序的仿真加工。如果程序正确，则仿真过程中不会出现错误提示；如果程序不正确，则根据提示进行程序调试。螺纹轴仿真结果如图 3-35 所示。

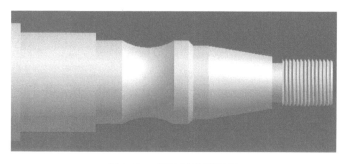

图 3-35　螺纹轴仿真结果

【任务考核】

任务 3.3 评价表见表 3-15，采用得分制，本任务在课程考核成绩中的比例为 5%。

表 3-15　任务 3.3 评价表

评价内容	评分标准	配分
出　　勤	出勤考核，每次 5 分，本任务共考核 3 次，缺课、迟到、早退均不得分	15
学习态度	设合格、不合格两个等级，共考核 5 次，凡出现在课堂上讲话、玩手机、看小说等破坏课堂纪律行为的均为不合格，合格者每次课得 3 分	15
任务资讯	将提交的资讯材料，分为优、良、合格、不合格四个等级，各等级分值比例分别为 100%、80%、60%、40%	20
任务实施	将提交的螺纹轴仿真加工图片，分为合格、不合格两个等级，各等级分值比例分别为 100%、50%	35
任务总结	总结材料能反映任务实施过程、任务成果、个人工作，设合格、不合格两个等级，各等级分值比例分别为 100%、0%	5
职业素质	考察任务独立完成度、职业道德、主动性、合作性等	10

【任务总结】

本任务主要进行了螺纹轴的仿真加工，其中 $R20mm$ 圆弧数控加工子程序的调用次数由加工该圆弧时刀具定位点的 X 值决定；如果程序中刀具定位点的 X 值为 38mm，则调用子程序 6 次；如果程序中刀具定位点的 X 值为 40mm，则需调用子程序 8 次，否则 $R20mm$ 圆弧的弦长 20mm 将无法得到保证。

课后习题

1. 如何选择凹弧加工刀具？
2. 简述正交平面参考系的组成。
3. 简述车刀各标注角度的定义。

CHAPTER 4

多槽椭圆轴的数控加工工艺设计与编程

图4-1是多槽椭圆轴的零件图，材料为45钢，小批量生产，要求分析其零件数控加工工艺，制定数控加工工艺卡、刀具卡，编制数控加工程序，并进行数控仿真加工。

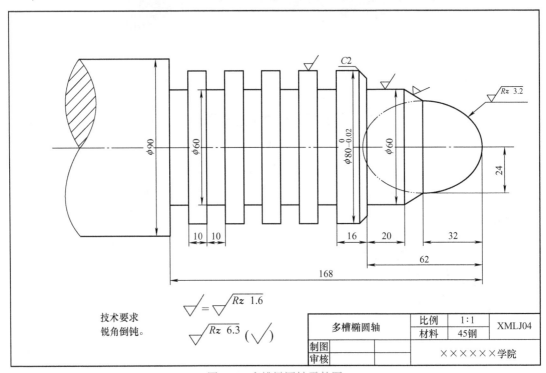

图 4-1　多槽椭圆轴零件图

任务 4.1　多槽椭圆轴数控加工工艺设计

■【任务目标】

通过本任务的实施，掌握常用刀具材料及其基本性能，宽槽、窄槽等的加工工艺，非圆曲线加工原理等知识，能分析多槽椭圆轴数控加工工艺，编制多槽椭圆轴数控加工工艺卡、刀具卡。

■【任务资讯】

（一）常用刀具材料及其基本性能

1. 刀具材料的基本性能

金属加工中，刀具受到很大的切削力、摩擦力、冲击力，产生很高的切削温度，因此，要求刀具材料必须满足以下基本性能要求。

（1）高硬度　刀具是从工件上去除材料，因此，刀具材料的硬度必须高于工件材料的硬度，刀具材料的最低硬度一般应在60HRC以上。

（2）高强度与韧性　刀具材料在切削时受到很大的切削力和冲击力，如车削45钢时，在背吃刀量为4mm、进给量为0.5mm/r的条件下，刀片所承受的切削力可达4000N。因此，刀具材料必须具有较高的强度和韧性。

（3）高耐磨性和耐热性　刀具的耐磨性是指刀具抵抗磨损的能力。通常，刀具的硬度越高，其耐磨性越好。刀具材料金相组织中的硬质点越多，颗粒越小，分布越均匀，则刀具的耐磨性越好。刀具的耐热性是指刀具在高温下保持高硬度的能力，也称热硬性。刀具材料的高温硬度越高，则耐热性越好，在高温条件下抵抗塑性变形的能力、抗磨损的能力越强。

（4）良好的导热性　刀具的导热性好，表示切削产生的热量容易传导出去，可降低刀具切削部分的温度，减少刀具磨损，耐热冲击性能和抗热裂纹性能也强。

（5）良好的工艺性和经济性　刀具不但要有良好的切削性能，其本身还应该易于制造，具有较好的工艺性，同时，也要有较好的经济性，以降低生产成本。

2. 常用刀具材料

主要刀具材料如图4-2所示，包括工具钢、硬质合金、陶瓷、超硬材料四大类，常用的是高速工具钢和硬质合金。

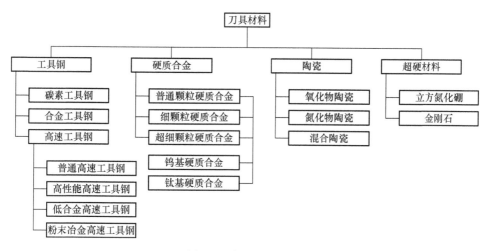

图4-2　主要刀具材料

（1）高速工具钢　高速工具钢是一种含有较多的W、Cr、V、Mo等合金元素的高合金工具钢，具有良好的综合性能。与普通合金工具钢相比，它能以较高的切削速度加工金属材料，目前在麻花钻、丝锥、成形刀具、拉刀、齿轮刀具等的制造中占有主要地位，可加工非铁金属、铸铁、碳素钢、合金钢等。

（2）硬质合金　硬质合金是用高硬度、高熔点的金属碳化物，如碳化钨（WC）、碳化钛（TiC）、碳化钽（TaC）、碳化铌（NbC）等的粉末和钴（Co）、钼（Mo）等金属黏结剂，经过高压成形，并在1500℃左右的高温下烧结而成，其热硬性、耐磨性好，但抗弯强度和韧性较差。

不同的硬质合金材质有不同的用途，切削刀具用硬质合金根据国际标准ISO分类，把所有牌号用颜色标识分成六大类，分别以字母 P、M、K、N、S、H 表示，各标志代号适合加工的材料见表4-1。

表4-1　硬质合金刀具标志代号适合加工的材料

刀具类型	P	M	K	N	S	H
适合加工材料	钢	不锈钢	铸铁	非铁金属	耐热优质合金	淬硬材料

(二) 槽加工工艺

槽的类型有单槽、多槽、宽槽、窄槽、深槽、异形槽等，加工时可能会是几种形式的叠加，如多槽可能包含宽槽、深槽和异形槽。

1. 窄槽的加工

对于深度值不太大、精度要求不高的窄槽，可选用尺寸与槽宽相同的刀具，用直接切入一次成形的方法加工。即用 G01 指令沿 X 向直进切削，切槽至所需尺寸后，用暂停指令 G04 使刀具在槽底停留，以修整槽底表面，减小槽底表面粗糙度值，退出时以切削速度进给，如图 4-3 所示。

2. 深槽的加工

对于宽度不大，但深度较大的深槽，加工过程中，为避免排屑不顺和出现扎刀或断刀的现象，要采用分次进给加工的方式。如图 4-4 所示，刀具在切入工件一定深度后，应回退一段距离，以断屑和退屑。

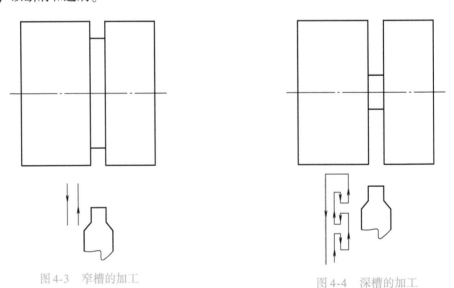

图4-3　窄槽的加工　　　　　　　　　　图4-4　深槽的加工

3. 宽槽的加工

对于槽宽大于一个刀宽的宽槽，如果精度要求较高，则加工时分粗、精加工。粗加工时采用排刀方式，槽底和槽侧留精加工余量；精加工时刀具沿槽的一侧切至槽底，再沿槽底切削至槽的另一侧，如图 4-5 所示。

(三) 非圆曲线加工原理

数控车床没有非圆曲线插补功能，加工非圆曲线时只能通过圆弧或直线逼近拟合。如本项目中的椭圆曲线，将其上某一坐标（如图 4-6 中的 Z）等分成若干点，通过椭圆曲线的函

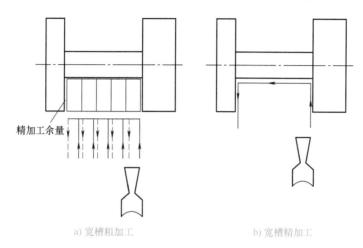

a) 宽槽粗加工　　　　　　　　　　b) 宽槽精加工

图 4-5　宽槽的加工

数关系 $\dfrac{x^2}{a^2} + \dfrac{z^2}{b^2} = 1$ 求出对应于每一等分点的另一坐标值
（如图 4-6 中的 X），这样，就在理想椭圆曲线上找到了
若干个点，即节点，将各节点首尾相连成直线段，然后
利用直线插补指令，以刀具的进给方向顺序插补直线
段，用直线段替代椭圆曲线，这种方法称为拟合。但替
代的直线与理想的椭圆轮廓之间存在一定误差，即拟合

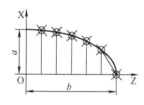

图 4-6　椭圆曲线轮廓

误差。若该误差超出工件形状公差允许的范围，则加工出的形状是不符合要求的。将 Z 轴
等分的点的数量越多，对应椭圆函数关系求得的节点数量就越多，拟合出的直线段就越趋近
于理想的椭圆曲线，当等分点密化到一定程度时，替代的直线轮廓就能满足形状上的要求。

【任务实施】

1. 工件结构分析

本项目工件的主要结构有外圆
面、台阶面、椭圆面、沟槽面，其三
维结构如图 4-7 所示。根据工件尺寸
确定毛坯为 $\phi 90\text{mm} \times 200\text{mm}$ 的棒料，
直径方向上需要保证的尺寸只有
$\phi 80\,_{-0.02}^{\ 0}\text{mm}$。

2. 车削工艺分析

采用自定心卡盘装夹工件左侧，
留足够的加工长度，工件坐标系设定
在工件右端面中心处，数控加工工序
卡见表 4-2，刀具卡见表 4-3。外圆粗、
精车采用复合循环指令，其走刀路线由

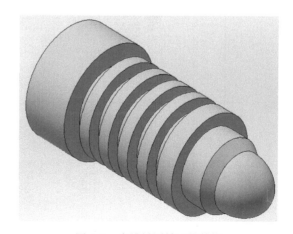

图 4-7　多槽椭圆轴三维结构

数控系统自动给定；设计椭圆部分的走刀路线，如图 4-8 所示；单个槽的走刀路线如图 4-9
所示。

表 4-2　多槽椭圆轴数控加工工序卡

多槽椭圆轴数控加工工序卡						
零件名称	多槽椭圆轴	加工方法	数控车		零件图号	XMLJ04
机床型号	CK6140	夹具	自定心卡盘		零件材料	45 钢
序号	工步内容	刀具 名称代号	主轴转速 /(r/min)	进给速度 /(mm/r)	背吃刀量 /mm	加工控制
1	安装工件	—	—	—	—	—
2	平端面	T01	1000	—	—	手动
3	粗车外圆轮廓	T01	1000	0.8	3	自动 程序 O0004
4	精车外圆轮廓	T01	2000	0.2	0.5	
5	粗车椭圆	T01	1000	0.8	—	
6	精车椭圆	T01	2000	0.1	—	
7	切槽	T02	400	0.3、0.1	—	
8	切断	T02	400	0.2	—	
编制		审核		批准		日期

表 4-3　多槽椭圆轴数控加工刀具卡

多槽椭圆轴数控加工刀具卡						
序号	刀具号	刀具名称	刀具材料	数量	加工内容	刀补
1	T01	90°外圆车刀	硬质合金	1	车端面，粗、精车外圆 轮廓和椭圆	
2	T02	5mm 切槽刀		1	切槽、切断	
编制		审核		批准		日期

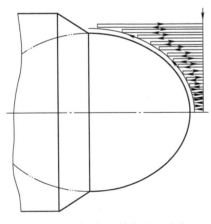

图 4-8　椭圆粗、精车走刀路线

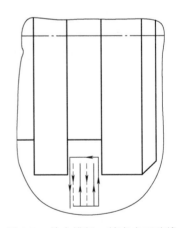

图 4-9　单个槽粗、精车走刀路线

【任务考核】

任务 4.1 评价表见表 4-4，采用得分制，本任务在课程考核成绩中的比例为 5%。

表 4-4 任务 4.1 评价表

评价内容	评分标准	配分
出　勤	出勤考核,每次5分,本任务共考核3次,缺课、迟到、早退均不得分	15
学习态度	设合格、不合格两个等级,共考核5次,凡出现在课堂上讲话、玩手机、看小说等破坏课堂纪律行为的均为不合格,合格者每次课得3分	15
任务资讯	将提交的资讯材料,分为优、良、合格、不合格四个等级,各等级分值比例分别为100%、80%、60%、40%	30
任务实施	将提交的工艺文件,分为优、良、合格、不合格四个等级,各等级分值比例分别为100%、80%、60%、40%	25
任务总结	总结材料能反映任务实施过程、任务成果、组员工作,设合格、不合格两个等级,各等级分值比例分别为100%、0%	5
职业素质	考察任务独立完成度、职业道德、主动性、合作性等	10

■【任务总结】

本任务主要介绍了常用刀具材料、槽加工工艺、非圆曲线加工原理等任务相关知识,设计了多槽椭圆轴加工走刀路线,编制了多槽椭圆轴数控加工工艺卡、刀具卡。

课后习题

1. 常用刀具材料有哪些?对刀具材料有什么要求?
2. 简述槽的类型及其加工工艺。

任务 4.2 多槽椭圆轴数控加工程序编制

■【任务目标】

通过本任务的实施,掌握典型非圆曲线编程的相关数学知识、宏程序相关编程指令等,能编制多槽椭圆轴数控加工程序。

■【任务资讯】

(一) 典型非圆曲线编程的相关数学知识

1. 椭圆

如图 4-10a 所示,椭圆的标准方程为

$$\frac{X^2}{a^2} + \frac{Y^2}{b^2} = 1$$

椭圆的参数方程为

$$\begin{cases} X = a\cos(\varphi) \\ Y = b\sin(\varphi) \end{cases}$$

式中，a 为长半轴；b 为短半轴；φ 为角度参数。

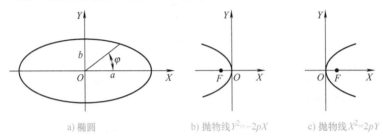

a) 椭圆　　　　　　　b) 抛物线 $Y^2 = -2pX$　　　　　c) 抛物线 $X^2 = 2pY$

图 4-10　典型非圆曲线

2. 抛物线

如图 4-10b、c 所示，抛物线的标准方程为

$$Y^2 = \pm 2pX(焦准距\ p > 0)$$

（二）宏程序

以子程序的形式存储并带有变量的程序称为用户宏程序，简称宏程序。在宏程序中允许使用变量，算术和逻辑运算，转移、循环等命令，只要改变变量的值，就可以实现不同的加工操作。宏程序适用于抛物线、椭圆、双曲线等没有插补指令的非圆曲线的手工编程；图形相同、尺寸不同的系列零件的编程；工艺路径相同、位置参数不同的系列零件的编程。

宏程序分为两类：A 类和 B 类，两者差别较大。在一些较老的 FANUC 系统中采用 A 类宏程序，而在 FANUC 0i 等较为先进的系统中则采用 B 类宏程序。本书以 B 类宏程序为介绍对象。

1. 变量

在常规的主程序和子程序中，总是将一个具体的数值赋给一个地址，如 "G00 X20. ;"，而在宏程序中则是将变量赋给一个地址。变量用 "#" 号和跟随其后的变量序号表示，如#5、#10、#120、#1000 等。如果将跟随在地址后面的数值用变量代替，即表示引入变量，例如程序段 "G01 X#5 Z#10 F#120;"，当#5 = 20. 、#10 = 15. 、#120 = 30. 时，该程序段即为 "G01 X20. Z15. F30. ;"。

2. 变量的类型

变量的类型根据变量号分为四种类型：空变量、局部变量、公共变量和系统变量，见表 4-5。

表 4-5　变量类型

变量类型	变量号	功　　能
空变量	#0	该变量为空，没有值能赋给该变量
局部变量	#1 ~ #33	该变量只能用在宏程序中存储数据，如运算结果；断电时，该变量被初始化为空；调用宏程序时，自变量对局部变量赋值
公共变量	#100 ~ #199 #500 ~ #999	公共变量在不同的宏程序中意义相同；断电时，变量#100 ~ #199 初始化为空；变量#500 ~ #999 的数据被保存，即使断电也不丢失
系统变量	#1000 ~	该变量用于读写 CNC 运行时各种数据的变化，如刀具的当前位置和补偿值

3. 变量的赋值

变量赋值是指将一个数据赋给一个变量，赋值原则为：

1）赋值号"="两边的内容不能互换，左边只能是变量，右边可以是表达式、数值或变量。

2）多次给一个变量赋值时，最后赋的值有效。

3）一个赋值语句只能给一个变量赋值。

4）赋值语句具有运算功能，一般形式为"变量=表达式"。

5）赋值表达式的运算顺序与数学运算顺序相同。

变量赋值有直接赋值和引数赋值两种方式。

1）直接赋值：直接用赋值符号"="赋值，如#120=30；

2）引数赋值：宏程序以子程序形式出现，所用变量可在有宏调用的时候赋值。

例如，在"G65 P1200 X110. Y40. Z30. F80. ；"中，X、Y、Z不代表坐标字，F也不代表进给字，而是对应宏程序中的变量号，变量的具体数值由引数后的数值决定。引数宏程序体中的变量对应关系有两种，分别见表4-6和表4-7，这两种方法可以混用，其中G、L、N、O、P不能作为引数给变量赋值。

表 4-6　引数给变量赋值方法（一）

引数	变量	引数	变量	引数	变量	引数	变量
A	#1	I_3	#10	I_6	#19	I_9	#28
B	#2	J_3	#11	J_6	#20	J_9	#29
C	#3	K_3	#12	K_6	#21	K_9	#30
I_1	#4	I_4	#13	I_7	#22	I_{10}	#31
J_1	#5	J_4	#14	J_7	#23	J_{10}	#32
K_1	#6	K_4	#15	K_7	#24	K_{10}	#33
I_2	#7	I_5	#16	I_8	#25		
J_2	#8	J_5	#17	J_8	#26		
K_2	#9	K_5	#18	K_8	#27		

表 4-7　引数给变量赋值方法（二）

引数	变量	引数	变量	引数	变量	引数	变量
A	#1	H	#11	R	#18	X	#24
B	#2	I	#4	S	#19	Y	#25
C	#3	J	#5	T	#20	Z	#26
D	#7	K	#6	U	#21		
E	#8	M	#13	V	#22		
F	#9	Q	#17	W	#23		

例 4-1 用引数给变量赋值方法（一）对"G65 P0021 A50. $I_1$40. $J_1$100. $K_1$0. $I_2$20. $J_2$10. $K_2$40. ；"赋值。

查表 4-6 可知：#1 = 50.，#4 = 40.，#5 = 100.，#6 = 0.，#7 = 20.，#8 = 10.，#9 = 40.。

例 4-2 用引数给变量赋值方法（二）对"G65 P1200 X110. Y40. Z30. F80. ;"赋值。

查表 4-7 可知：#9 = 80.，#24 = 110.，#25 = 40.，#26 = 30.。

4. 逻辑和算术运算指令

常用逻辑和算术运算指令见表 4-8。

表 4-8 逻辑和算术运算指令

运算符		含义	格式	运算符		含义	格式
算术运算	=	赋值	#i = #j	算术运算	ABS	绝对值	#i = ABS [#j]
	+	加法	#i = #j + #k		ROUND	舍入	#i = ROUND [#j]
	–	减法	#i = #j – #k		FLX	上取整	#i = FLX [#j]
	×	乘法	#i = #j × #k		FUX	下取整	#i = FUX [#j]
	/	除法	#i = #j/#k		LN	自然对数	#i = LN [#j]
	SIN	正弦	#i = SIN [#j]		EXP	指数函数	#i = EXP [#j]
					BIN	十进制到二进制的转换	#i = BIN [#j]
	ASIN	反正弦	#i = ASIN [#j]		BCD	二进制到十进制的转换	#i = BCD [#j]
	COS	余弦	#i = COS [#j]	逻辑运算	OR	或	#i = #i OR #j
	ACOS	反余弦	#i = ACOS [#j]		XOR	异或	#i = #i XOR #j
	TAN	正切	#i = TAN [#j]		AND	与	#i = #i AND #j
	ATAN	反正切	#i = ATAN [#j]				
	SQRT	平方根	#i = SQRT [#j]				

注意：

1）函数 SIN、COS 中角度的单位为度（°）。

2）宏程序中数学运算的顺序为：函数运算（SIN、COS、ATAN 等）、乘除运算（×、/、AND 等）、加减运算（ + 、– 、OR、XOR 等）；有括号的先算括号中的运算。

5. 转移和循环指令

FUNAC 系统提供了三种转移和循环指令。

（1）无条件转移指令

编程格式：GOTO n；

功能：执行到该程序段时，无条件转移到 n 程序段执行，n 为程序段号，取值为 0001 ~ 9999。

例 4-3 "N10 GOTO 20;"表示无条件转移到 N20 程序段执行。

（2）条件转移指令

编程格式：IF [条件表达式] GOTO n；

功能：执行到该程序段时，如果条件表达式成立，则转移到 n 程序段执行；如果条件表达式不成立，则执行下一程序段。条件表达式见表4-9，必须用"[ ]"封闭条件表达式。

例4-4　说明以下程序段的含义。

N10 IF [#1 LT 2] GOTO 30；

N20 G00 X40. Z50. ；

N30 G01 X30. F40. ；

该程序段表示当#1<2时，转移到N30程序段执行；当#1≥2时，则执行N20程序段。

表4-9　条件表达式

条件表达式	含　义
#i EQ #j	#i 等于#j
#i NE #j	#i 不等于#j
#i GT #j	#i 大于#j
#i GE #j	#i 大于或等于#j
#i LT #j	#i 小于#j
#i LE #j	#i 小于或等于#j

（3）循环指令

编程格式：WHILE [条件表达式] DO m；

　　　　　　　⋮

　　　　　END m；

功能：执行该程序段时，如果条件表达式成立，则循环执行 DO m 与 END m 之间的程序段；如果条件表达式不成立，则执行 END m 的下一个程序段。WHILE 与 END 成对使用，两者之间的程序段为循环内容。

说明：

1）m 为循环标号，最多嵌套三层，即 m 的取值为1、2、3。

2）不可以交叉循环，如以下循环是错误的：

WHILE DO 1；

　WHILE DO 2；

　　⋮

　END 1；

　END 2；

6. 宏程序的调用

宏程序有两种调用形式：单次调用和模态调用。

（1）单次调用　单次调用是指宏程序被单个程序段调用一次。

编程格式：G65 P　L 引数赋值；

说明：G65 为宏程序调用指令；P 为被调用的宏程序号；L 为宏程序重复运行的次数，调用一次时可以省略；引数赋值为传递到宏程序的数据。

例 4-5

```
O00041;              O4101;
   ⋮                 #3 = #8 + #9;
G65 P4101 E2. F3. ;  IF［#3 GE 10］GOTO 20;
   ⋮                 G00 X#3;
M30;                 N20 M99;
```

上例中，"G65 P4101 E2. F3. ;"表示调用程序号为 4101 的宏程序一次，同时把数值 2 和 3 分别赋给变量#8、#9。

（2）模态调用 模态调用是指当程序段中有移动指令时先执行移动指令，然后再调用宏程序。

编程格式：G66 P　L 引数赋值；

说明：

1）G66 为宏程序调用指令；P 为被调用的宏程序号；L 为宏程序重复运行的次数，调用一次时可省略；引数赋值为传递到宏程序的数据。

2）取消宏程序模态调用时用 G67 指令，G66 和 G67 必须成对使用。

例 4-6

```
O00042;                O4201;
     ⋮                    ⋮
G66 P4201 L3 A1. B2. ;  G00 X#1;
G00 Z15. ;                  Z#2;
    X60. ;                  ⋮
G67;                    M99;
```

上例中，"G66 P4201 L3 A1. B2. ;"表示调用程序号为 4201 的宏程序三次，同时把数值 1 和 2 分别赋给变量#1、#2；G67 为取消宏程序模态调用。

例 4-7 用宏程序编写图 4-11 所示工件的精加工程序。

将工件坐标系原点取为椭圆中心，椭圆的长半轴为 20mm，短半轴为 15mm，采用直径编程，则椭圆的参数方程为

$$\begin{cases} X = 15\sin\varphi \\ Z = 20\cos\varphi \end{cases}$$

参考程序见表 4-10。

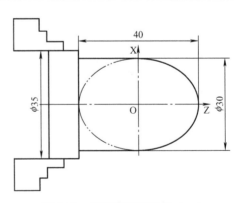

图 4-11　宏程序应用举例（一）

表 4-10 例 4-7 参考程序

程 序		注 释
O0047;		程序名
N10	G54 G99;	零点偏置, 进给量单位为 mm/r
N20	M03 S800 T0101;	主轴正转, 转速为 800r/min, 调用 1 号刀
N30	G00 X0. Z24.;	快进到起刀点
N40	G01 Z20. F0. 3;	切削进给到椭圆起点
N50	#1 = 15.;	给变量赋值, #1 为短半轴长度, #2 为长半轴长度, #3 为起始角度, #4 为终止角度
N60	#2 = 20.;	
N70	#3 = 0.;	
N80	#4 = 90.;	
N90	#5 = 2 × [#1] × SIN[#3];	椭圆 X 轴坐标
N100	#6 = #2 × COS[#3];	椭圆 Z 轴坐标
N110	G01 X[#5]Z[#6]F0. 1;	加工拟合线段
N120	#3 = #3 + 0. 1;	角度增加 0.1°
N130	IF [#3 LE #4] GOTO 90;	如果角度小于或等于 90°, 则转到 N90 程序段执行
N140	G01 Z − 20.;	加工 ϕ30mm 圆柱
N150	X50.;	退刀
N160	G00 Z80.;	返回
N170	M05;	主轴停
N180	M30;	程序结束

例 4-8 编制图 4-12 所示工件的数控加工程序。

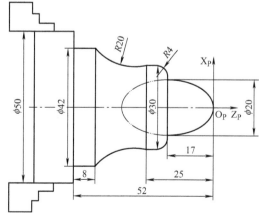

图 4-12 宏程序应用举例 (二)

将工件坐标系原点取为工件右端面顶点, 椭圆的长半轴为 17mm, 短半轴为 10mm, 采用直径编程, 椭圆的标准方程为 $\dfrac{X^2}{100} + \dfrac{Z^2}{289} = 1$, 则 X 坐标可表示为: $X = 10 \times \sqrt{1 - Z^2/289}$。

车削过程分粗、精加工，粗加工采用 G73 循环，精加工中椭圆轮廓用宏程序编写。参考数控加工程序见表 4-11。

表 4-11　例 4-8 参考程序

程　序		注　释
O0048；		程序名
N10	G54 G99；	零点偏置，进给量单位为 mm/r
N20	M03 S800 T0101；	主轴正转，转速为 800r/min，调用 1 号刀
N30	G00 X46. Z2.；	快进到起刀点
N40	G73 U25. W25. R10.；	粗车循环
N50	G73 P60 Q190 U0. 5 W0. 5 F0. 5；	
N60	G01 X0. F0.2；	切削进给到椭圆起点
N70	Z0.；	
N80	#1 = 0.；	给 Z 坐标变量赋值
N90	WHILE［#1 GE −17.］DO 1；	椭圆加工循环，终止条件为 Z < −17
N100	$\#2 = 10 \times SQRT[1 -[\#1 + 17.] \times [\#1 + 17]/289]$；	椭圆 X 轴坐标
N110	G01 X［2 × #2］Z［#1］；	加工拟合线段
N120	#1 = #1 − 0. 04；	Z 坐标减小 0.04
N130	END 1；	循环结束
N140	G01 X22.；	车削端面
N150	G03 X30. Z − 21. R4.；	加工 R4mm 圆角
N160	G01 Z − 25.；	车削 φ30mm 圆柱
N170	G02 X42. Z − 44. R20.；	车削 R20mm 圆弧
N180	G01 Z − 52.；	车削 φ42mm 圆柱
N190	X60.；	退刀
N200	S2000 F0.2；	转换主轴转速为 2000r/min，进给量为 0.2mm/r
N210	G70 P60 Q190；	精加工循环
N220	G00 X80.；	退刀
N230	Z80.；	
N240	M05；	主轴停
N250	M30；	程序结束

【任务实施】

根据任务 4.1 制定的多槽椭圆轴数控加工工序卡、刀具卡、走刀路线及上述理论，留精加工余量 X 方向为 0.5mm、Z 方向为 0mm，在工件右端面建立多槽椭圆轴工件坐标系。多槽椭圆轴数控加工程序单见表 4-12。

表 4-12 多槽椭圆轴数控加工程序单

多槽椭圆轴数控加工程序单			程序号		O0004
零件号	XMLJ04	零件名称	多槽椭圆轴	编制	审核
程序段号	程序段			注　　释	
O0004；				程序名	
N10	G54 G21 G99；			调用工件第一坐标系，初始化	
N20	M03 S1000；			起动主轴正转，转速为 1000r/min，粗加工	
N30	T0101；			调用 1 号外圆车刀	
N40	G00 X90. Z2.；			快进到起刀点	
N50	G71 U2. R1.；			粗加工循环	
N55	G71 P60 Q130 U0.5 W0. F0.8；				
N60	G01 X48. F0.2 S2000；			精车工件外圆轮廓	
N70	Z－32.；				
N80	X60. Z－42.；				
N90	W－20.；				
N100	X76.；				
N110	X80. W－2.；				
N120	Z－168.；				
N130	X95.；				
N140	G70 P60 Q130；			精加工循环	
N150	G00 X30. Z2.；				
N160	G65 P0041；			调用椭圆加工宏程序	
N170	G00 X95.；			退刀	
N180	Z50.；				
N190	T0202；			换 2 号切槽刀	
N200	S400；			主轴转速换为 400r/min	
N210	G00 X82. Z－68.；			定位加工槽	
N220	M98 P050042；			调用槽加工子程序	
N230	G00 X95.；			定位到切断处	
N240	Z－173.；				
N250	G01 X－0.2 F0.2；			切断	
N260	G00 X95.；			退刀	
N270	Z50.；				
N280	M05；			主轴停	
N290	M30；			程序结束	

（续）

多槽椭圆轴数控加工程序单				程序号		O0004
零件号	XMLJ04	零件名称	多槽椭圆轴	编制		审核	
程序段号		程序段			注　释	

宏程序		
O0041；		宏程序名
N10	#1 = 90.；	给变量#1 赋值，#1 表示角度
N20	WHILE［#1 GE 0］DO 1；	粗车椭圆循环，当#1 < 0 时，循环结束
N30	#2 = 24 × SIN［#1］；	计算节点坐标，#2 表示 X 坐标，#3 表示 Z 坐标
N40	#3 = 32 × COS［#1］；	
N50	G01 X［2 × #2］F0.8；	粗车椭圆
N60	Z［#3］；	
N70	U0.2；	退刀，先 X 向退，后 Z 向退
N80	W#3；	
N90	#1 = #1 − 5.；	角度减小一个步距
N100	END 1；	粗车椭圆循环结束
N110	WHILE［#1 LE 90］DO 2；	精车椭圆循环，当#1 > 90° 时，循环结束
N120	#2 = 24 × SIN［#1］；	计算节点坐标，#2 表示 X 坐标，#3 表示 Z 坐标
N130	#3 = 32 × COS［#1］；	
N140	G01 X［2 × #2］Z#3 F0.1；	精加工拟合线段
N150	#1 = #1 + 0.01；	角度增加一个步距
N160	END 2；	精车椭圆循环结束
N170	M99；	返回主程序

子程序		
O0042；		子程序名
N10	G00 W − 15.；	定位
N20	G01 X60.1 F0.3；	车槽第一刀
N30	X82.；	退刀
N40	W − 5.；	定位
N50	X60.1；	车槽第二刀
N60	X82.；	退刀
N70	W5.；	定位
N80	G01 X60. F0.1；	车槽精加工
N90	W − 5.；	
N100	X82.；	退刀
N110	M99；	返回主程序

▶【任务考核】

任务 4.2 评价表见表 4-13，采用得分制，本任务在课程考核成绩中的比例为 5%。

表4-13　任务4.2评价表

评价内容	评分标准	配分
出　勤	出勤考核，每次5分，本任务共考核3次，缺课、迟到、早退均不得分	15
学习态度	设合格、不合格两个等级，共考核5次，凡出现在课堂上讲话、玩手机、看小说等破坏课堂纪律行为的均为不合格，合格者每次课得3分	15
任务资讯	将提交的资讯材料，分为优、良、合格、不合格四个等级，各等级分值比例分别为100%、80%、60%、40%	30
任务实施	将提交的多槽椭圆轴程序单，分为优、良、合格、不合格四个等级，各等级分值比例分别为100%、80%、60%、40%	25
任务总结	总结材料能反映任务实施过程、任务成果、个人工作，设合格、不合格两个等级，各等级分值比例分别为100%、0%	5
职业素质	考察任务独立完成度、职业道德、主动性、合作性等	10

■ 【任务总结】

　　数控车床不支持非圆曲线插补功能，非圆曲线的加工是通过将其分割成无数段，用小直线段逼近、拟合来完成的。分割得越细，拟合误差越小，实际形状越接近理想形状，但计算将越复杂、加工效率越低。宏程序中允许使用变量、逻辑和算术运算指令以及转移、循环指令，有利于程序的简化，适用于椭圆、抛物线等非圆曲线的加工。

课后习题

　　1. 什么是宏程序？
　　2. 变量的类型有哪些？如何赋值？
　　3. 逻辑和算术运算指令各有哪些？
　　4. 简述宏程序中三种循环指令的功能及其编程格式。
　　5. 宏程序如何调用？

任务4.3　多槽椭圆轴数控仿真加工

■ 【任务目标】

　　通过本任务的实施，掌握车刀的安装，刀位点的选择，对刀的方法，切削液及其选用等知识；能完成多槽椭圆轴的数控仿真加工。

■ 【任务资讯】

（一）车刀的安装和对刀

1. 车刀的安装

在实际切削中，车刀安装得高低、车刀刀柄轴线是否垂直，对车刀角度有很大的影响。

例如车削外圆时，当车刀刀尖高于工件轴线时，因其车削平面与基面的位置发生变化，使前角增大，后角减小；反之，则前角减小，后角增大。车刀安装歪斜，对主偏角、副偏角影响较大，特别是在车螺纹时，会使牙型半角产生误差。因此，正确地安装车刀，是保证加工质量、减少刀具磨损、提高刀具使用寿命的重要步骤。

安装车刀时要注意以下几点：

（1）刀尖高度　车刀的刀尖应与车床主轴中心线等高，过高或过低都会对加工质量有所影响。装刀时，有两种调整刀尖高度的方法：一是试切工件端面，看是否过中心，根据结果增减垫片；二是在尾座套筒上装上顶尖，根据顶尖尖部高度对刀，调整垫片。

（2）安装角度　与刀具的刃磨角度一样，刀具的安装角度也会对工件加工质量产生影响，安装时要根据具体刀具做出调整。例如，安装螺纹车刀时，要使刀尖的角平分线垂直于主轴轴线，使两边角度相等，才能加工出合格的齿形。

（3）刀柄强度　安装车刀时，在保证正常使用的前提下，应尽可能使刀柄伸出刀架的距离变小，以提高刀柄的强度。否则，会因刀柄强度不足而使其在加工过程中产生振动，影响工件表面粗糙度。

（4）刀具的安装顺序　多把刀加工时，要根据每把刀的加工顺序，兼顾刀具长短，合理安排装刀顺序，以减少快移距离，最大程序地减少换刀时间，提高加工效率。

2. 对刀

（1）刀位点　刀位点是在加工程序编制中，用以表示刀具特征的点，是对刀和加工的基准点，每把刀在整个加工中只能有一个刀位点。不同车刀的刀位点如图4-13所示。

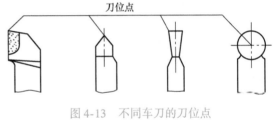

图4-13　不同车刀的刀位点

（2）对刀的方法　执行加工程序前，应调整每把刀的刀位点，使其尽量重合于某一理想基准点，这一过程称为对刀。

对刀的方法一般有手动对刀和自动对刀两种，目前，大多数数控车床采用手动对刀，其基本方法有：

1）定位对刀法。定位对刀法的实质是按接触式设定基准重合原理进行的一种粗定位对刀方法，其定位基准由预设的对刀基准点来体现。对刀时，将各号刀的刀位点调整到与对刀基准点重合即可。该方法简单、易行，精度要求不高，应用广泛。

2）光学对刀法。光学对刀法的实质是按非接触式设定基准重合原理进行的一种定位对刀方法，其定位基准由光学显微镜上的十字刻线来体现。该方法的对刀精度高，不会损坏刀尖。

3）ATC对刀法。ATC对刀法是使用一套将对刀镜与计算机数控装置（CNC）组合在一起，从而具有自动刀位计算功能的对刀装置，对刀时，需要将以显微镜十字刻线交点体现的对刀基准点调整到机床的固定原点位置上，以便于CNC进行计算和处理。

4）试切对刀法。试切对刀法是通过试切进行对刀，其对刀精度更高，结果更为准确、可靠，是实际生产中使用最广的一种对刀方法。本书仿真加工时均采用试切对刀法。

（二）切削液及其选用

切削液是为改善切削加工效果而使用的液体，其主要功能在于润滑和冷却，它在减少刀具磨损、提高加工表面质量、降低切削区温度、提高生产率方面有着非常重要的作用。

1. 切削液的种类

切削液可分为切削油、乳化液、水溶液三大类。

（1）切削油 切削油分为两类：一类是以矿物油为基体加入油性添加剂的混合油，用于低速切削非铁金属及磨削；另一类是极压切削油，它是通过在矿物油中添加极压添加剂而制成的，用于重切削和难加工材料的切削。

（2）乳化液 乳化液是用乳化油加 70%～98% 的水稀释而成的乳白色或半透明状液体，乳化油由切削油加乳化剂制成，具有良好的冷却和润滑性能。乳化液的稀释程度根据用途而定，浓度高则润滑效果好，但冷却效果差；浓度低则冷却效果好，但润滑效果差。

（3）水溶液 水溶液的主要成分是水，为具有良好的防锈和润滑性能，常加入一定的添加剂。常用的水溶液有电解质水溶液和表面活性水溶液：电解质水溶液是在水中加入电解质来防锈；表面活性水溶液是在水中加入皂类等表面活性物质，以增强水溶液的润滑作用。

2. 切削液的选用

切削液的效果除了由其本身的性能决定外，还与工件材料、刀具材料、加工方法等因素有关，应该综合考虑，合理选择，以达到良好的效果。切削液的一般选择原则如下：

（1）粗加工 粗加工时，切削用量大，产生的切削热多，容易使刀具迅速磨损。此类加工一般采用以冷却作用为主的切削液，如离子型切削液或 3%～5% 的乳化液。切削速度较低时，刀具以机械磨损为主，宜选用以润滑性能为主的切削液；切削速度较高时，刀具主要是热磨损，应选用以冷却为主的切削液。

（2）精加工 精加工时，切削液的主要作用是提高工件表面的加工质量和加工精度。加工钢件，在较低的切削速度（6～30m/min）下，应选用极压切削油或 10%～12% 的极压乳化液，以减少刀具与工件间的摩擦和粘结，抑制积屑瘤的产生。

（3）难加工材料的切削 难加工材料的硬质点多，导热系数低，切削液不易流出，刀具磨损较快，因此，应选用润滑性能好的极压切削油或高浓度的极压乳化液。当用硬质合金刀具高速切削时，可选用以冷却作用为主的低浓度乳化液。

【任务实施】

多槽椭圆轴数控仿真加工过程如下。

（一）开机床

1）单击开始菜单中的【数控加工仿真系统】，启动【仿真加工系统】对话框，单击【快速登录】进入系统。

2）单击工具栏上的 按钮，打开【选择机床】对话框，控制系统和机床类型分别选择"FANUC""FANUC 0i""车床""标准（斜床身后置刀架）"，选择完成后单击【确定】按钮，完成机床的选择。

3）查看急停按钮 是否按下，如果是按下状态，则单击，使其呈松开状态 。

4）单击 按钮，起动机床，此时 上方的指示灯亮。

（二）回零

开机后回零，具体操作如下：单击回原点按钮 ，使其上方指示灯亮，然后单击 →

图 4-14 回原点后坐标系显示

按钮，按钮上方指示灯亮，X 向回到原点；再单击 Z→ + 按钮， 按钮上方指示灯亮，Z 向回到原点，回零操作完毕。回原点后，坐标系显示如图 4-14 所示。

（三）安装工件、刀具

1）单击工具栏上的 按钮，打开【定义毛坯】对话框，如图 4-15 所示，定义毛坯名为多槽椭圆轴，材料选择 45 钢，输入合适的工件尺寸，单击【确定】按钮，完成毛坯的定义。此处为了使工件装夹方便，毛坯长度选定为 250mm，比工艺分析中选定的毛坯长度大 50mm。

2）单击工具栏上的 按钮，打开【选择零件】对话框，如图 4-16 所示，选择多槽椭圆轴毛坯，单击【安装零件】按钮，完成零件的装夹。

3）本项目一共用到两把刀：用于外圆粗、精加工和椭圆车削的外圆车刀以及刀宽为 5mm 的切槽刀。单击工具栏上的 按钮，打开【车刀选择】对话框，如图 4-17 所示。单击数字"1"定义外圆车刀：刀片类型选择 D，刀柄类型选择向左运动的主偏角为 90° 的 J，刀尖半径设为 0，X 向长度设为 100。单击数字"2"定义切槽刀：刀片类型选择 ，刀柄类型选择 ，刀尖半径设为 0，X 向长度设为 100，单击【确认退出】按钮完成刀具的安装。此处刀具长度可根据工件径向尺寸视具体情况选择，可以与书中不同。

图 4-15 【定义毛坯】对话框

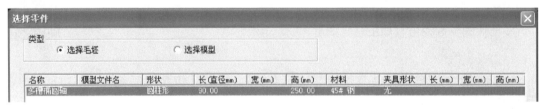

图 4-16 【选择零件】对话框

（四）对刀

1. 外圆车刀对刀

1）单击手动按钮 ，使其上方指示灯亮，切换到手动模式，单击 X→ - 按钮、 Z→ - 按钮，使刀具移动到工件附近，如图 4-18 所示。

2）单击主轴正转按钮 ，起动主轴，单击 Z→ - 按钮，车削工件外圆一小段；单击

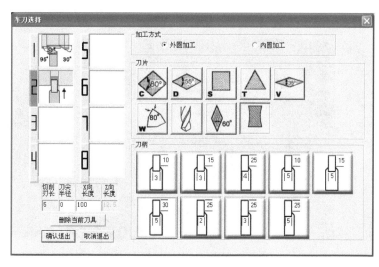

图 4-17 【车刀选择】对话框

+ 按钮,将刀具沿 Z 轴退至工件外,单击 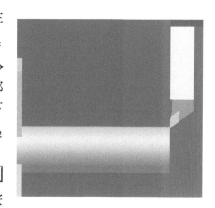 按钮,主
轴停转;单击 pos 按钮,记下显示的 X 坐标 X_1 =
333.733。单击菜单中的【测量】→【剖面测量】→
【是】,打开【车床工件测量】对话框,选择被切削部
分线段进行测量,选中的线段从红色变成橙黄色,记下
对应的 X 值 X_2 = 83.733,如图 4-19 所示。计算 $X_1 - X_2$
的值,记为 X = 250.000,单击【退出】按钮。

图 4-18 刀具移动到工件附近

3)单击主轴正转按钮 ,起动主轴,然后单击 Z
→ - 按钮、 X → - 按钮,车削工件端面;单击 按
钮,主轴停转,单击 + 按钮,将刀具沿 X 轴退至工件
外;单击 pos 按钮,记下显示的 Z 坐标 Z = 246.917。

4)单击 按钮两下,进入图 4-20 所示的【工具补正/形状】设定界面,在"01"番
号对应的 X 中输入记下的 $X_1 - X_2$ 值,单击 按钮,X 下的值变为"250.000";单击 → 按
钮,将光标定位到 Z,在 Z 中输入记下的 Z 值,单击 按钮,Z 下的值变为"246.917",完
成外圆车刀的对刀。

2. 切槽刀对刀

切槽刀的对刀方法与外圆车刀相同,需要注意的是对刀时要通过换刀程序将切槽刀
换到当前刀位,换刀程序为"G54 T0404"。两把刀具对刀后的【工具补正/形状】设定界
面如图 4-21 所示,刀具长度不同,图中数值可能不同。

(五)程序输入

单击 → 按钮进入程序编辑界面,单击软键【操作】→ ,单击软键
【F 检索】,在出现的对话框里找到保存的多槽椭圆轴记事本文件后单击【打开】

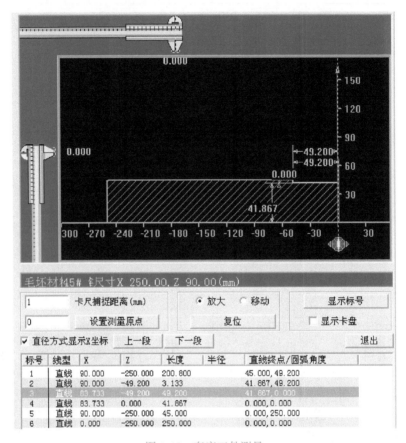

图 4-19　车床工件测量

按钮，回到程序编辑界面后单击软键【READ】，在数据输入区输入程序名"O0004"，单击【EXEC】，记事本文件中的程序即被导入数控系统当前界面中，如图 4-22 所示。

图 4-20　【工具补正/形状】设定界面　　　　图 4-21　对刀完成后的【工具补正/形状】设定界面

（六）仿真加工

　　程序输入后应进行检查，看程序段中的程序段结束符"；"是否正确。程序段结束符"；"必须用键盘上的英文输入法或数控系统面板上的 EOB 按钮输入。检查无误后，将刀具回零，单击 PROG → ⊡ → □ 按钮，进行程序的仿真加工。多槽椭圆轴仿真加工结果如图 4-23 所示。

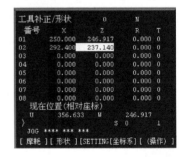

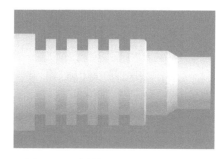

图 4-22 程序输入界面　　　　　　　图 4-23 多槽椭圆轴仿真加工结果

【任务考核】

任务 4.3 评价表见表 4-14，采用得分制，本任务在课程考核成绩中的比例为 5%。

表 4-14 任务 4.3 评价表

评价内容	评分标准	配分
出　勤	出勤考核，每次 5 分，本任务共考核 3 次，缺课、迟到、早退均不得分	15
学习态度	设合格、不合格两个等级，共考核 5 次，凡出现在课堂上讲话、玩手机、看小说等破坏课堂纪律行为的均为不合格，合格者每次课得 3 分	15
任务资讯	将提交的资讯材料，分为优、良、合格、不合格四个等级，各等级分值比例分别为 100%、80%、60%、40%	20
任务实施	将提交的多槽椭圆轴仿真加工图片，分为合格、不合格两个等级，各等级分值比例分别为 100%、50%	35
任务总结	总结材料能反映任务实施过程、任务成果、个人工作，设合格、不合格两个等级，各等级分值比例分别为 100%、0%	5
职业素质	考察任务独立完成度、职业道德、主动性、合作性等	10

【任务总结】

对刀精度的高低决定着工件加工表面质量的高低。仿真加工进行 Z 向对刀时，当刀具很接近工件时，可换为手动脉冲进给，手动脉冲进给有三种精度，即 0.1mm、0.01mm、0.001mm，精度越高，每个脉冲 Z 轴移动的距离越小，对刀精度越高。

课后习题

1. 车刀的安装要求有哪些？
2. 什么是刀位点？
3. 对刀方法有哪些？
4. 切削液的种类有哪些？如何选用？

学习领域二

▶▶▶ 数控铣削工艺与编程

与数控车削一样，数控铣削也是机械加工中常用的数控加工方法，除了能铣削普通铣床所能铣削的各种零件表面外，还能铣削普通铣床不能铣削的需 2~5 坐标轴联动的各种平面、沟槽、分齿零件、螺旋形表面和曲面。在配备相应的刀具后，数控铣削还可以对零件进行钻孔、扩孔、铰孔、锪孔、镗孔、攻螺纹等加工。

数控铣削装置包括数控铣床和数控加工中心，其在结构、工艺和编程等方面既相同又相异，对于一般的编程指令和功能，两者是相同的；不同之处在于，数控铣床没有自动换刀装置及刀库，只能手动换刀，而数控加工中心则具有自动换刀装置（ATC）及刀库，因此可将使用的刀具预先安排存放在刀库内，需要时再通过换刀指令，由 ATC 自动换刀。

数控铣削装置特别是数控加工中心，由于工序集中，减少了工件的装夹、测量和机床调整等时间，使机床的切削时间达到其开动时间的 80% 左右；同时也减少了工序之间的工件周转、搬运和存放时间，缩短了生产周期，经济效益明显。

本学习领域主要以数控铣床为对象，介绍数控铣削工艺、数控铣削编程及数控铣削仿真加工等知识。

图 5-1 所示凸模零件的材料为 45 钢，单件小批量生产，要求分析其数控加工工艺，制定数控加工工艺卡、刀具卡，编制数控加工程序，并进行数控仿真加工。

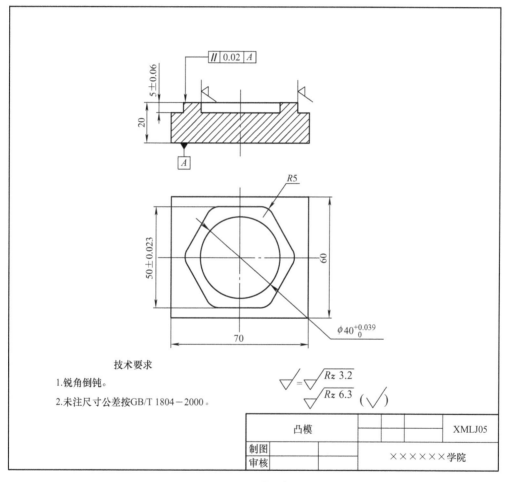

图 5-1 凸模零件图

任务 5.1 凸模零件数控加工工艺设计

【任务目标】

通过本任务的实施，掌握数控铣床和数控加工中心的分类、加工对象，数控铣床型号的编制，铣削刀具等工艺知识；能分析凸模零件数控加工工艺，编制凸模零件数控加工工艺卡、刀具卡。

【任务资讯】

（一）数控铣床

1. 数控铣床的分类

数控铣床按照其主轴布置形式及布局特点可分为三类：立式数控铣床、卧式数控铣床和立卧两用数控铣床。

（1）立式数控铣床　该类型数控铣床的主轴轴线垂直于机床工作台平面，且垂直于水平面，是数控铣床中数量最多、应用最广的一种，尤其是在模具加工中，常用于电视机前盖、洗衣机面板等塑料注射模具成型零件，摩托车气缸等压铸模具零件，连杆等锻压模具零件以及各种机械零件上的平面、内外轮廓、孔等。立式数控铣床如图5-2a所示。

（2）卧式数控铣床　该类型数控铣床的主轴轴线与机床工作台平面平行，且平行于水平面，主要用于铣削平面、沟槽和成形表面等，在模具制造中常用于具有深型腔模具零件的铣削，如洗衣机筒体及冰箱内胆模具的型腔等。卧式数控铣床通常采用增加数控转盘或万能数控转盘等方式实现第四、第五轴的加工。这样既可以加工出工件侧面上的连续回转轮廓，又可以在一次装夹中通过转盘改变工位来实现"四面加工"。卧式数控铣床如图5-2b所示。

a) 立式数控铣床　　　　　　b) 卧式数控铣床　　　　　　c) 立卧两用数控铣床

图 5-2　数控铣床

（3）立卧两用数控铣床　该类型数控铣床如图5-2c所示，是指一台机床上有立式和卧式两个主轴，通过主轴方向的变换，在一台机床上既可以进行卧式加工，又可以进行立式加工，具备立式和卧式两类机床的功能。通过在其工作台上增设数控转盘，实现"五面体加工"。立卧两用数控铣床对加工对象的适应性更强，性价比更高，能获得较好的经济效益，但精度和刚度稍差。

除立式、卧式、立卧两用式数控铣床外，还有龙门数控铣床和万能数控铣床。龙门数控铣床在结构上采用对称的双立柱结构，以保证机床的整体刚度和强度。主轴可在龙门架的横梁与溜板上运动，而纵向运动则通过龙门架沿床身移动或由工作台移动来实现，其中工作台床身特大时多采用前者。龙门数控铣床如图 5-3 所示，它适合加工大型零件，主要在汽车、航空航天、机床等行业中使用。万能数控铣床如图 5-4 所示，一般采用半闭环或闭环控制，控制系统功能较强，数控系统功能丰富，可实现四坐标轴及其以上的联动，主轴可以旋转 90°或工作台带着工件旋转 90°，一次装夹可以完成工件五个表面的加工。

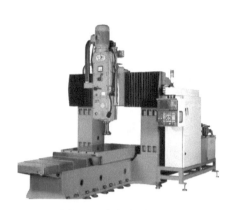

图 5-3 龙门数控铣床

图 5-4 万能数控铣床

2. 数控铣床的加工对象

根据数控铣床的特点，适合数控铣削的主要加工对象有平面类零件、曲面类零件、孔系零件和螺纹等。

（1）平面类零件 平面类零件是指加工面平行或垂直于水平面，以及加工面与水平面成一定角度的零件，这类加工面可以展开为平面，如图 5-5 所示。

图 5-5 平面类零件

（2）曲面类零件 曲面类零件包括直纹曲面类零件和空间曲面类零件。直纹曲面类零件是指由直线依某种规律移动所产生的曲面类零件，加工面不能展开成平面。采用四坐标或五坐标数控铣床加工这类零件时，加工面与铣刀圆周接触的瞬间为一条直线。空间曲面类零件的加工面为空间曲面，也不能展开成平面，一般使用球头铣刀切削，加工面与铣刀始终为点接触。空间曲面类零件如图 5-6 所示。

（3）孔系零件 孔和孔系零件的加工可以在数控铣床上进行，如钻孔、扩孔、铰孔、镗孔等。由于加工多采用定尺寸刀具，需要频繁换刀，当加工孔的数量较多时，不如用数控加工中心加工方便。

（4）螺纹 内、外螺纹，圆柱螺纹、圆锥螺纹等都可以在数控铣床上加工。

3. 数控铣床的型号

机床型号的编制方法在项目二中已进行了介绍，本节主要介绍铣床型号的表示方法。铣

 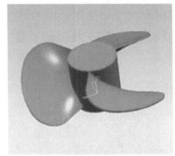

图 5-6　空间曲面类零件

床的型号同样由类代号（X）、通用特性（结构特性）代号、组代号、系代号、主参数等组成，其组代号和通用特性代号分别见表 2-2 和表 2-4。立式和卧式升降台铣床的系代号及主参数见表 5-1。

例如，XK6132 表示卧式数控万能升降台铣床，工作台宽度为 320mm；XK5032 表示立式升降台铣床，工作台宽度为 320mm。

表 5-1　立式和卧式升降台铣床的系代号及主参数（摘自 GB/T 15375—2008）

| 组 | | 系 | | 主参数 | |
代号	名称	代号	名称	折算系数	名称
5	立式升降台铣床	0	立式升降台铣床	1/10	工作台面宽度
		1	立式升降台镗铣床	1/10	工作台面宽度
		2	摇臂铣床	1/10	工作台面宽度
		3	万能摇臂铣床	1/10	工作台面宽度
		4	摇臂镗铣床	1/10	工作台面宽度
		5	转塔升降台铣床	1/10	工作台面宽度
		6	立式滑枕升降台铣床	1/10	工作台面宽度
		7	万能滑枕升降台铣床	1/10	工作台面宽度
		8	圆弧铣床	1/10	工作台面宽度
6	卧式升降台铣床	0	卧式升降台铣床	1/10	工作台面宽度
		1	万能升降台铣床	1/10	工作台面宽度
		2	万能回转头铣床	1/10	工作台面宽度
		3	万能摇臂铣床	1/10	工作台面宽度
		4	卧式回转头铣床	1/10	工作台面宽度
		6	卧式滑枕升降台铣床	1/10	工作台面宽度

（二）数控加工中心

数控加工中心是在数控铣床的基础上发展而来的，两者的最大区别在于，数控加工中心具有自动交换刀具的功能，通过在刀库上安装不同用途的刀具，可在一次装夹中通过自动换刀装置改变主轴上的加工刀具，实现铣、钻、扩、铰、镗、攻螺纹等多种加工功能。此外，数控加工中心还具有各种辅助功能，如各种加工固定循环、刀具半径自动补偿、刀具长度自动补偿、故障自动诊断、工作与加工过程显示、工件在线检测和加工自动补偿功能等，比数控铣床的自动化程度、效率、精度、柔性都更高，使产品改型换代更加容易。

1. 数控加工中心的分类

数控加工中心的分类方法很多，按主轴在加工时的空间位置可分为以下三种。

（1）立式数控加工中心（图5-7）　其主轴处于垂直位置，能完成铣削、镗削、钻削、攻螺纹等工序。立式数控加工中心装夹工件方便，便于操作，易于观察加工情况，调试程序容易，价格相对较低。但受立柱高度及换刀装置（ATC）的限制，不能加工太高的零件及箱体。

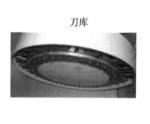

刀库

图5-7　立式数控加工中心

（2）卧式数控加工中心（图5-8）　其主轴处于水平位置，通常都带有能自动分度的回转工作台，一般具有3~5个运动坐标轴，在一次装夹中，可以完成除安装面和顶面外的其余四个表面的加工。与立式数控加工中心相比，卧式数控加工中心的结构复杂、占地面积大，有能精确分度的数控回转工作台，可实现对零件的一次装夹，多工位加工，适合加工箱体类零件及小型模具型腔。

图5-8　卧式数控加工中心

（3）龙门数控加工中心（图5-9）　该数控加工中心的形状与龙门数控铣床相似，主轴多为垂直设置，除自动换刀装置外，还带有可更换的主轴头附件，数控装置的功能比较齐全，能够实现一机多用，适用于大型和形状复杂零件的加工。

此外，按照运动坐标数和同时控制的坐标数，可将数控加工中心分为三轴二联动、三轴三联动、四轴三联动、五轴四联动、六轴五联动等类型。三轴、四轴是指加工中心具有的运动坐标数，联动是指控制系统可以同时控制的运动坐标数，从而实现对刀具相对工件的位置和速度的控制。

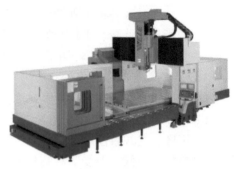

图5-9　龙门数控加工中心

按照工作台的数量和功能又可分为单工作台数控加工中心、双工作台数控加工中心、多工作台数控加工中心等。

2. 数控加工中心的加工对象

数控加工中心在加工工艺上有许多普通机床无法比拟的优点，但其价格较高，一次性投入较大，零件的附加成本比较高，因此，要从零件的形状、精度、周期性要求等方面综合考虑是否采用数控加工中心进行加工。数控加工中心适合加工的零件一般有如下几类：

（1）周期性重复投产的零件　有些产品的市场需求具有周期性和季节性，采用数控加工中心加工，在首件（批）试切后，程序和相关生产信息可保留下来，下次再生产该产品时，只要很少的准备时间就可以开始生产，使每次生产的平均实际工时减少，生产周期大大缩短。

（2）高效、高精度零件　有些零件的需求量小，但精度要求高、工期短，采用数控加工中心加工，生产完全由程序自动控制，避免了多工艺流程，减少了硬件投资和人为干扰，具有生产效益高及质量稳定的特点。

（3）既需要加工平面又需要加工孔系的零件　利用加工中心的自动换刀功能，可在一次装夹中完成这类零件的平面铣削和孔系加工。

（4）要求多工位加工的零件　这类零件一般外形不规则，且大多需要点、线、面多工位混合加工。利用数控加工中心擅长多工位点、线、面混合加工的特点，可用较短的时间完成大部分甚至全部工序。

（5）结构形状复杂的零件　该类零件的加工面通常由复杂曲线、曲面组成，需要多坐标轴联动加工。四轴联动、五轴联动加工中心的应用以及CAD/CAM技术的发展，使加工零件的复杂程度得到大幅提高。

（三）铣削基本概念

1. 铣削运动

铣削是利用铣刀旋转、工件相对铣刀做进给运动来进行切削的。铣刀和工件之间的相对运动叫铣削运动。铣削运动分为主运动和进给运动。将切屑切下所必需的基本运动为主运动，在铣削运动中，铣刀的旋转是主运动。使新的切削层不断投入切削，以逐渐切出整个工件表面的运动为进给运动，在铣削运动中，工件的运动是进给运动。铣削加工的应用如图5-10所示。

2. 铣削的特点

1）铣刀是一种多刃刀具，同时工作的齿数较多，可采用阶梯铣削，也可采用高速铣削，生产率较高。

a) 圆柱铣刀铣平面　　b) 端铣九铣平面　　c) 立铣刀铣垂直面　　d) 立铣刀铣开口槽

e) 错齿三面刃铣
刀铣直槽
　　f) 组合铣刀铣
双垂直面
　　g) T形槽铣刀铣T形槽　　h) 锯齿铣刀切断

i) 角度铣刀铣
V形槽
　　j) 燕尾槽铣刀
铣燕尾槽
　　k) 键槽铣刀铣槽　　l) 球头铣刀
铣成形面
　　m) 圆键槽铣刀
半圆键槽

图 5-10　铣削加工的应用

2）铣削过程是一个断续切削过程，刀齿切入和切出工件的瞬时会产生冲击和振动，当振动频率与机床固有频率一致时，振动会加剧，造成刀齿崩刃，甚至损坏机床零部件。因此，对铣床和刀柄的刚性及刀齿强度的要求比较高。

3）刀齿参加切削的时间短，虽然有利于刀齿的散热和冷却，但周期性的热会使切削刃产生热疲劳裂纹，造成刀齿剥落或崩刃。

4）铣削的经济加工尺寸公差为 IT8 ~ IT9，表面粗糙度值为 Ra 6. 3 ~ 1.6μm，必要时，铣削加工尺寸公差可高达 IT5 级，表面粗糙度值可达 Ra 0.2μm。

（四）数控铣削刀具

1. 数控铣削刀具的基本要求

（1）刚性要好　要求铣刀刚性好，既是为了满足采用大切削量以提高生产率的需要，也是为了适应数控铣床加工过程中难以调整切削用量的特点。在数控铣削过程中，当工件各处的加工余量相差悬殊时，数控铣削不能"随机应变"，而必须返回原点，用改变切削面高度或加大刀具半径补偿值的方法从头开始加工，降低了加工效率。因此，解决数控铣刀的刚性问题至关重要。

（2）寿命要长　当一把铣刀加工的内容很多时，如果刀具磨损较快，则既会影响工件的表面质量与加工精度，增加换刀引起的调刀与对刀次数，也会使工件表面留下因对刀误差而形成的接刀台阶，降低了工件的表面质量。

2. 数控铣刀

数控铣削加工刀具的种类很多，常用的铣刀有面铣刀、立铣刀、模具铣刀、键槽铣刀及成形铣刀等。

（1）面铣刀 面铣刀（图5-11）主要用于在立式数控铣床上加工平面、台阶面等，其圆周表面和端面上都有切削刃，圆周方向的切削刃为主切削刃，端面切削刃为副切削刃。面铣刀多制成套式镶齿结构，刀齿材料为高速工具钢或硬质合金，刀体材料为40Cr。与高速工具钢铣刀相比，硬质合金面铣刀的铣削速度、加工效率及加工表面质量均较高，而且可加工带有硬皮和淬硬层的工件，应用较广。

面铣刀按结构不同又分为整体焊接式面铣刀、机夹式面铣刀和可转位面铣刀，其中可转位面铣刀的直径已标准化，采用公比1.25的标准直径（单位为mm）系列为：16、20、25、32、40、50、63、80、100、125、160、200、250、315、400、500、630等。

面铣刀铣削平面一般采用二次进给。粗铣时沿工件表面连续进给，应选好每一次的进给宽度和铣刀直径，使接刀刀痕不影响精铣进给精度，当加工余量大且不均匀时铣刀直径要选得小些。精加工时，铣刀直径要大些，最好能包容整个加工面。

（2）立铣刀 立铣刀（图5-12）是数控铣床上使用最多的一类铣刀，主要用于在立式铣床上加工凹槽、台阶面等，其圆柱表面和端面上均有切削刃，切削刃可以同时进行切削，也可单独切削。圆柱表面的切削刃是主切削刃，为螺旋齿，可以增加切削平稳性，提高加工精度；而端面切削刃主要用来加工与侧面相垂直的底平面。由于立铣刀端面中心处无切削刃，因此不能做轴向进给。

图5-11 面铣刀   图5-12 立铣刀

为了能加工较深的沟槽，并保证有足够的备磨量，立铣刀的轴向长度一般较大。为改善切屑卷曲情况，增大容屑空间，防止切屑堵塞，立铣刀的刀齿数比较少，容屑槽圆弧半径则较大。一般粗齿立铣刀的齿数 $z = 3 \sim 4$，细齿立铣刀的齿数 $z = 5 \sim 8$，套式结构立铣刀的齿数 $z = 10$。当立铣刀的直径较大时，可制成不等齿距结构，以增强抗振作用，使切削过程趋向平稳。

（3）模具铣刀 模具铣刀由立铣刀发展而成，主要用于在立式铣床上加工模具型腔、三维成形表面等，可分为圆锥形立铣刀、圆柱形球头立铣刀和圆锥形球头立铣刀三种，如图5-13所示，其柄部有直柄、削平型直柄和莫氏锥柄之分。圆柱形和圆锥形球头铣刀的圆柱面、圆锥面和球面上的切削刃均为主切削刃，铣削时不仅能沿铣刀轴向做进给运动，也能沿铣刀径向做进给运动，而且球头与工件的接触为点接触。因此，在数控铣床的控制下，能加工出各种复杂的成形表面。

a) 莫氏锥柄圆锥形立铣刀　　　b) 圆柱形球头立铣刀　　　c) 圆锥形球头立铣刀

图 5-13　模具铣刀

（4）键槽铣刀　如图 5-14 所示，键槽铣刀有两个刀齿，圆柱面和端面上都有切削刃，端面切削刃延至中心，既像立铣刀，又像钻头。键槽铣刀可以不经预钻工艺孔而轴向进给至槽深，然后沿键槽方向铣出键槽全长。

（5）成形铣刀　成形铣刀一般是为特定形状的工件或加工内容专门设计制造的，如渐开线齿面、燕尾槽、T 形槽等，如图 5-15 所示。

a) 键槽铣刀　　　　　　　　b) 键槽铣刀的工作过程

图 5-14　键槽铣刀及其工作过程

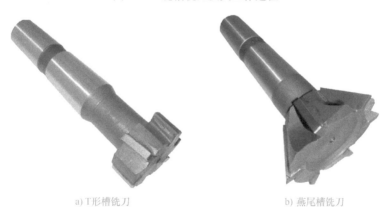

a) T 形槽铣刀　　　　　　　　b) 燕尾槽铣刀

图 5-15　成形铣刀

（五）数控铣床常用夹具

1. 机用虎钳

机用虎钳是一种通用夹具，安装在铣床工作台上，用于加工各种外形简单、形状规则的小型工件，如图 5-16 所示。其结构简单紧凑，夹紧力大，易于操作使用。机用虎钳一般都带有底盘，且底盘上有刻线，可以 360°平面旋转。在铣床上安装机用虎钳时，应用指示表找正固定钳口与工作台的垂直度、平行度。

2. 万能分度头

万能分度头也是铣床常用夹具，如图 5-17 所示。

3. 铣床卡盘

铣床卡盘用来夹持短轴类及盘类工件，其结构和传动方式与车床自定心卡盘相似，但铣床卡盘把手与盘面成 30°角，方便旋转操作。

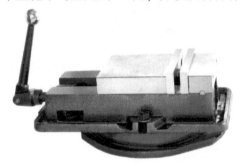

图 5-16　机用虎钳　　　　　　　　　　　图 5-17　万能分度头

（六）数控铣削走刀路线的拟定

合理地选择走刀路线不但可以提高切削效率，还可以提高零件的表面质量。确定数控铣削的走刀路线时，同样应遵循任务 2.1 中述及的保证零件加工精度、使走刀路线最短、减少刀具空行程、使数值计算简单等原则。

1. 铣削平面零件

铣削平面零件时，一般采用立铣刀侧刃进行切削。为减少接刀痕迹，保证零件表面质量，刀具在切入、切出零件时应沿零件轮廓延长线的切线方向进给，使零件轮廓曲线平滑过渡，如图 5-18、图 5-19 所示。

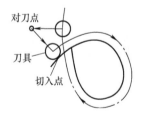

图 5-18　加工外轮廓时刀具的切入切出　　　　图 5-19　加工内轮廓时刀具的切入切出

铣削封闭的内轮廓时，如果内轮廓曲线允许外延，则刀具沿轮廓延长线的切线方向切入切出；如果内轮廓曲线不允许外延，则刀具只能沿内轮廓曲线的法向切入切出，刀具的切入切出点应选在零件轮廓两几何元素的交点处，如图 5-19 所示。当内轮廓无交点时，为防止刀补取消时在轮廓拐角处留下凹口，刀具切入切出点应远离拐角，如图 5-20 所示。

铣削圆轮廓时，也应遵循切向切入切出的原则。如图 5-21 所示，当外圆整圆加工完成

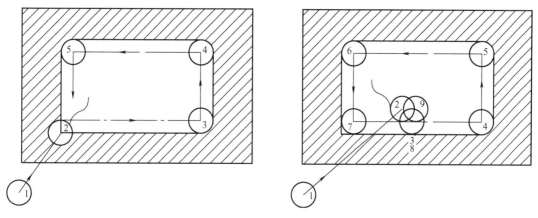

图 5-20　内轮廓无交点时刀具的切入切出

时，不要在 2 点直接退刀，而应走刀到 4 点，以免取消刀补时刀具与工件相碰，造成废品。铣削内圆时，最好安排从圆弧过渡到圆弧的加工路线，如图 5-22 所示，以提高内孔表面的加工质量。

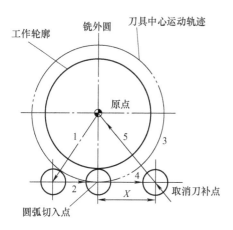

图 5-21　外圆铣削路线
X—切出时多走的距离

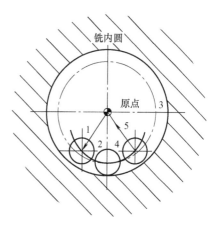

图 5-22　内圆铣削路线

2. 铣削曲面零件

铣削曲面时，常用球头刀以行切法进行加工，即刀具与零件轮廓的切点轨迹是一行一行的，行间间距根据零件加工精度要求确定。边界敞开的直纹面宜采用该方法，但有两种走刀路线，如图 5-23 所示。图 5-23a 所示的加工方案每次沿直线加工，刀位点计算简单，程序少，加工过程符合直纹面的形成规律，可以准确地保证素线的直线度。图 5-23b 所示的加工方案符合这类零件数据给出情况，便于在加工后进行检验，但程序较多。由于曲面零件的边界是敞开的，没有其他表面限制，因此边界曲面可以延伸，球头刀应由边界外开始加工。

3. 铣削凹腔零件

凹腔零件的走刀路线如图 5-24 所示，有三种方案：行切法、环切法和行切＋环切法。三种方案中，行切法效果最差，在凹腔周边留有未加工余量；行切＋环切法是先用行切法加工，最后用环切法一刀光整轮廓表面，其加工精度最高，但走刀路线长、编程工作量大。

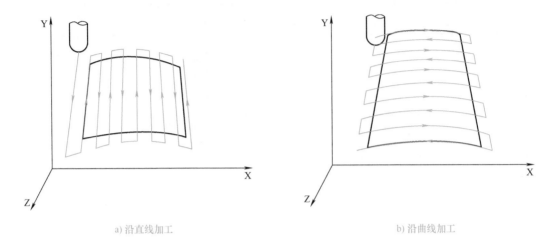

a) 沿直线加工   b) 沿曲线加工

图 5-23   铣削曲面的走刀路线

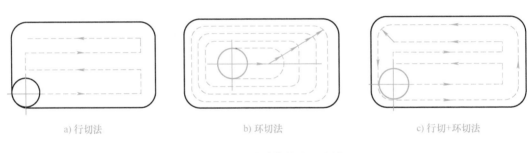

a) 行切法   b) 环切法   c) 行切+环切法

图 5-24   凹腔零件的走刀路线

【任务实施】

1. 零件结构分析

本项目零件的三维结构如图 5-25 所示，由平面和圆弧面组成内外轮廓。需要保证的长度尺寸有（50 ± 0.023）mm、（5 ± 0.06）mm，径向尺寸有 $\phi 40^{+0.039}_{0}$ mm；上表面相对于下表面的平行度公差为 0.02mm；六边形表面和内圆柱面的表面粗糙度值为 Rz 3.2μm，其余表面的表面粗糙度值为 Rz 6.3μm。

2. 工艺过程分析

凸模零件的加工工艺过程为：下料→普铣→数控铣→去毛刺→检验，即按零件尺寸下料，在普通铣床上铣削六

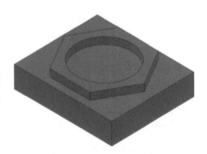

图 5-25   凸模零件的三维结构

个面，保证凸模的长 70mm、宽 60mm、高 20mm；在数控铣床上铣削六边形凸台和圆形凹槽，去毛刺后检验入库。数控铣削加工工序卡见表 5-2。根据六边形凸台和圆槽尺寸，兼顾走刀路线最短原则，分别选择 $\phi 20$ mm 和 $\phi 12$ mm 的立铣刀铣削六边形和内圆槽，具体刀具信息见表 5-3。

表 5-2　凸模数控铣削加工工序卡

凸模数控铣削加工工序卡							
零件名称	凸模	加工方法	数控铣			零件图号	XMLJ05
机床型号	XK5032	夹具	机用虎钳			零件材料	45 钢
序号	工步内容	刀具名称代号	主轴转速/(r/min)	进给速度/(mm/min)	背吃刀量/mm	加工控制	
1	粗铣六边形凸台	T01	800	180	5	程序 O0005	
2	精铣六边形凸台	T01	1500	120	0.4		
3	粗铣 $\phi40$mm 内圆槽	T02	800	100	5		
4	精铣 $\phi40$mm 内圆槽	T02	1500	50	0.4		
编制		审核		批准		日期	

表 5-3　凸模数控铣削加工刀具卡

凸模数控铣削加工刀具卡						
序号	刀具号	刀具名称	刀具材料	数量	加工内容	刀补
1	T01	$\phi20$mm 立铣刀	硬质合金	1	粗、精铣六边形凸台	D01
2	T02	$\phi12$mm 立铣刀		1	粗、精铣 $\phi40$mm 内圆槽	D02
编制		审核		批准		日期

3. 走刀路线设计

根据铣削平面时切向切入切出的原则设计走刀路线，如图 5-26、图 5-27 所示。铣削六边形凸台时，刀具在凸台轮廓外建立刀补，沿直线外延线切入，沿轮廓加工，然后沿直线外延线切出后取消刀补；铣削内圆槽时，从 1 点下刀，进给到 2 点时建立刀补，沿圆弧切入圆槽后沿圆槽轮廓加工，最后沿圆弧切出到 3 点，从 3 点到 1 点时取消刀补。

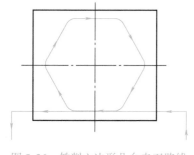

图 5-26　铣削六边形凸台走刀路线

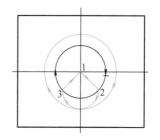

图 5-27　铣削内圆槽走刀路线

【任务考核】

任务 5.1 评价表见表 5-4，采用得分制，本任务在课程考核成绩中的比例为 5%。

表 5-4　任务 5.1 评价表

评价内容	评分标准	配分
出　　勤	出勤考核，每次 5 分，本任务共考核 3 次，缺课、迟到、早退均不得分	15
学习态度	设合格、不合格两个等级，共考核 5 次，凡出现在课堂上讲话、玩手机、看小说等破坏课堂纪律行为的均为不合格，合格者每次课得 3 分	15
任务资讯	将提交的资讯材料，分为优、良、合格、不合格四个等级，各等级分值比例分别为 100%、80%、60%、40%	30
任务实施	将提交的工艺文件，分为优、良、合格、不合格四个等级，各等级分值比例分别为 100%、80%、60%、40%	25
任务总结	总结材料能反映任务实施过程、任务成果、组员工作，设合格、不合格两个等级，各等级分值比例分别为 100%、0%	5
职业素质	考察任务独立完成度、职业道德、主动性、合作性等	10

【任务总结】

本任务主要讲解数控铣床和数控加工中心的定义、分类、加工对象；铣削运动、铣削的特点等铣削加工的基本概念；铣刀的要求和分类以及铣床常用夹具；铣削走刀路线拟定的原则和要求。

课后习题

1. 数控铣床和数控加工中心如何分类？
2. 数控铣床和数控加工中心的加工对象有哪些？
3. 数控铣床型号由哪几部分组成？
4. 铣削刀具的选择要求是什么？
5. 简述铣刀的分类。

任务 5.2　凸模零件数控加工程序编制

【任务目标】

通过本任务的实施，掌握数控铣床坐标系、编程基础等知识，能编制凸模数控加工程序。

【任务资讯】

(一) 坐标系的建立

1. 数控铣床坐标系

数控铣床坐标轴和运动方向的命名原则与前述车床相同，即采用右手笛卡儿坐标系，同时假定工件静止不动，刀具相对于静止的工件运动，增大刀具和工件之间距离的方向为坐标轴正向。数控铣床坐标系如图5-28所示。

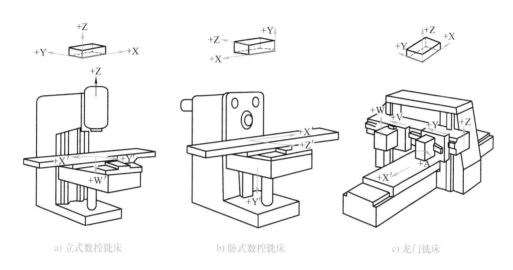

a) 立式数控铣床　　　　　b) 卧式数控铣床　　　　　c) 龙门铣床

图 5-28　数控铣床坐标系

（1）Z轴　Z轴由传递切削力的主轴决定，如果是立式铣床，则取主轴箱的上下运动方向为Z轴，向上为正（若主轴箱不能上下动作，则取工作台的上下运动方向为Z轴，向下为正）；如果是卧式铣床，则取主轴箱的前后运动为Z轴，向后为正；如果是龙门铣床，则取垂直于工件装夹面或提供主要切削力的主轴为Z轴，增大刀具和工件之间距离的方向为Z轴正向。

（2）X轴　X轴为水平方向，平行于工件装夹面且垂直于Z轴。当Z轴水平时，从刀具主轴向工件方向看，向右为X轴正向。当Z轴垂直时，从主轴向立柱方向看，对于单立柱机床，向右为X轴正向；对于双立柱机床，从主轴向左侧立柱看时，向右为X轴正向。

（3）Y轴　Y轴垂直于Z、X轴，其正向由笛卡儿坐标系确定。

2. 工件坐标系

工件坐标系是为确定零件图上各几何要素的位置而建立的坐标系，是编程人员在编程时使用的坐标系。数控铣床的工件坐标系一般按如下原则确定：

1）工件坐标系原点应选在零件的设计基准上，以便计算各基点、节点坐标，减少编程误差。

2）工件坐标系原点应尽可能选在工艺定位基准上。

3）工件坐标系原点应选在精度较高的工件表面上，以提高被加工零件的加工精度。

4）对于对称的零件，工件坐标系原点应选在工件的对称中心处；对于不对称的零件，则选择某一角处。

5）Z轴方向的零点一般选在工件表面上。

3. 数控铣床坐标系原点与机床参考点

现代数控机床都有一个基准位置，称为机床原点，即机床坐标系的原点。与数控车床一样，数控铣床的机床原点也是机床上的固定点，由机床生产厂家设置，用户不能改变。数控铣床（加工中心）的机床原点一般设在刀具远离工件的极限点处，即坐标轴正方向的极限点处，如图 5-29 所示。

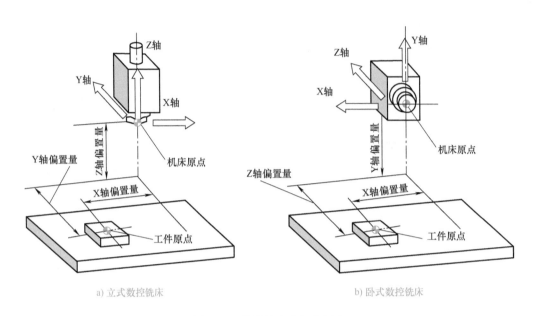

a) 立式数控铣床　　　　　　　　　　b) 卧式数控铣床

图 5-29　数控铣床的机床原点

机床参考点也称为零点，是机床制造商在机床上用行程开关设置的一个物理位置，与机床原点的相对距离是固定的，其值由系统参数设定，如果该值为零，则表示机床参考点与机床原点重合。通常来说，数控铣床的参考点和机床原点是重合的，加工中心的参考点为机床的自动换刀位置。数控机床开机后首先要回参考点，即机床回零，其目的是建立机床坐标系，也就是通过参考点当前的位置和系统参数中设定的参考点与机床原点的距离值来反推出机床原点位置。机床回零后，刀具或工作台移动时才有基准。

4. 工件坐标系与机床坐标系的关系

如图 5-29 所示，机床坐标系是控制机床运动的参考基准，工件坐标系是编程时的参考基准。机床坐标系建立在机床上，是固定的物理点；工件坐标系建立在工件上，是根据编程习惯确定的，其位置可以改变。加工时通过对刀手段确定工件原点与机床原点的位置关系，在工件坐标系与机床坐标系之间建立固联关系。

（二）数控铣床基本编程指令

本节以 FANUC 0i 系统数控铣床和数控加工中心为例，主要介绍准备功能指令代码，其他功能指令代码与数控车床相似，详见项目一中的相关内容。

FANUC 0i 系统数控铣床的准备功能指令代码见表 5-5，其中标有"＊"符号的为机床的默认状态；模态 G 代码持续有效，直到被同组代码取代为止，非模态 G 代码仅在当前程序段有效；在固定循环中，如果指令了 01 组 G 代码，则固定循环被取消，即为 G80 状态，但 01 组的 G 代码不受固定循环 G 代码的影响。

表 5-5　**FANUC 0i 系统数控铣床的准备功能指令代码**

G 代码	组别	功能	备注	G 代码	组别	功能	备注
* G00	01	快速点定位	模态	G68	16	坐标旋转有效	模态
G01	01	直线插补	模态	* G69	16	坐标旋转取消	模态
G02	01	顺时针圆弧插补	模态	G73	09	高速深孔钻削循环	非模态
G03	01	逆时针圆弧插补	模态	G74	09	左旋攻螺纹循环	非模态
G04	00	暂停	非模态	G76	09	精镗孔循环	非模态
* G17	02	XY 平面选择	模态	* G80	09	循环取消	模态
G18	02	XZ 平面选择	模态	G81	09	钻孔循环	模态
G19	02	YZ 平面选择	模态	G82	09	钻、锪孔循环	模态
G20	06	英制（in）输入	模态	G83	09	深孔钻削循环	模态
G21	06	米制（mm）输入	模态	G84	09	攻螺纹循环	模态
G27	00	返回参考点检查	非模态	G85	09	镗孔循环	模态
G28	00	机床返回参考点	非模态	G86	09	镗孔循环	模态
G29	00	从参考点返回	非模态	G87	09	背镗孔循环	模态
G33	01	螺纹切削	模态	G88	09	镗孔循环	模态
* G40	07	刀具半径补偿取消	模态	G89	09	镗孔循环	模态
G41	07	刀具半径左补偿	模态	* G90	03	绝对值编程	模态
G42	07	刀具半径右补偿	模态	G91	03	相对值编程	模态
G43	07	刀具长度正补偿	模态	G92	00	设置工作坐标系	非模态
G44	07	刀具长度负补偿	模态	* G94	05	每分钟进给	模态
G49	07	刀具长度补偿取消	模态	G95	05	每转进给	模态
* G50	11	比例缩放取消	模态	* G96	13	恒圆周速度控制	模态
G51	11	比例缩放有效	模态	G97	13	恒圆周速度控制取消	模态
G54 ~ G59	14	选择工件坐标系 1~6	模态	G98	10	固定循环返回起始点	模态
G65	00	宏程序调用	非模态	* G99	10	固定循环返回 R 点	模态
G66	12	宏程序模态调用	模态				
* G67	12	取消宏程序模态调用	模态				

（三）项目编程指令

1. G92 指令

（1）指令功能　G92 为工件坐标系设定指令，用以将加工原点设定在相对于刀具起点的某一空间点上。

（2）编程格式

G92 X Y Z;

X、Y、Z 为刀具起点相对于工件原点的坐标值。

（3）指令说明　该指令一般放在程序开头，且单独成一个程序段。例如，程序段"G92 X20. Y10. Z10."建立的工件坐标系如图 5-30 所示，加工原点在刀具起点（X = -20，Y = -10，Z = -10）的位置上。

G92 指令只改变当前位置的用户坐标，不产生任何机床移动，在机床重开机时即失效。在执行该程序段前，必须保证刀具位于加工起点。如果将 G92 指令中 X、Y、Z 的值设置为零，则工件坐标系原点与刀具起始点重合。

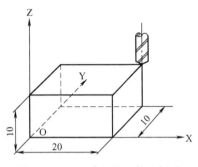

图 5-30　G92 建立的工件坐标系

2. G54 ~ G59 指令

（1）指令功能　工件坐标系选择指令。

（2）编程格式

　G54（G55 ~ G59）；

（3）指令说明　根据零件图样所标尺寸基点的相对关系和有关几何公差的要求，除了使用 G92 建立工件坐标系外，还可用 G54 ~ G59 指令在六个预设置工件坐标系中选择当前工件坐标系，其中 G54 为自动选择。在电源接通并返回参考点之后，建立工件坐标系 G54 ~ G59。加工零件前，通过试切对刀找出工件坐标系原点在机床坐标系中的绝对坐标值，将其输入对应坐标系存储位置，建立起机床原点与编程原点之间的关系，即可完成工件坐标系的设定。

3. G90/G91 指令

（1）指令功能　G90 指令为绝对编程指令，G91 指令为相对编程指令。

（2）编程格式

　G90（G91）；

（3）指令说明　数控铣床中的绝对编程和相对编程需要在程序开头设置，绝对编程以工件坐标系原点为基准，相对编程以刀具前一点位置为基准。

4. G17/G18/G19 指令

（1）指令功能　插补平面选择指令。

（2）编程格式

　G17（G18、G19）；

（3）指令说明　G17 用于选择 XY 平面，G18 用于选择 XZ 平面，G19 用于选择 YZ 平面。由于数控铣床和数控加工中心通常都是在 XY 平面内进行轮廓加工，因此系统默认状态为 G17 指令，即 G17 可以省略。

5. G00 指令

（1）指令功能　刀具以快速移动速度移动到指令指定的工件坐标系中的位置。该指令只用于快速定位，不用于切削加工。

（2）编程格式

　G00 X Y Z；

X、Y、Z为目标点坐标，根据加工平面确定坐标值。

6. G01 指令

（1）指令功能 刀具以F指定的速度从当前位置直线插补到目标位置。

（2）编程格式

G01 X Y Z F；

X、Y、Z为目标点坐标。

7. G02/G03 指令

（1）指令功能 刀具以F指定的速度从圆弧起点插补到圆弧终点。

（2）编程格式

XY平面：G17 G02（G03）X Y I J 或（R）F；

ZX平面：G18 G02（G03）X Z I K 或（R）F；

YZ平面：G19 G02（G03）Y Z J K 或（R）F；

X、Y、Z为圆弧终点坐标；I、J、K为圆弧圆心相对于圆弧起点在X、Y、Z方向的增量值，且总为增量值；R为圆弧半径，当圆弧圆心角小于或等于180°时R为正，圆弧圆心角大于180°时R为负。

（3）指令说明

1）G02为顺时针圆弧插补，G03为逆时针圆弧插补。

2）加工整圆时只能用圆心方式编程。

3）圆弧顺逆的判断。从垂直于圆弧所在平面的第三坐标轴的正向往负向看，顺时针为G02圆弧，逆时针为G03圆弧，如图5-31所示。

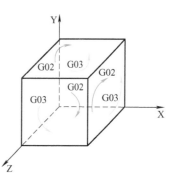

图5-31 圆弧顺逆的判断

例5-1 如图5-32a所示，毛坯尺寸为80mm×80mm×25mm，所有表面均已加工完成，试编程加工3mm高的凸台。

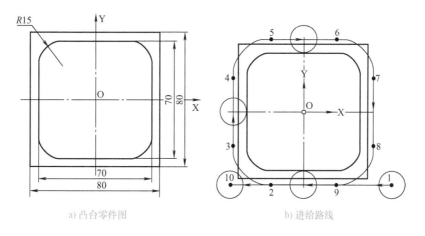

a) 凸台零件图　　　　　　　　b) 进给路线

图5-32 例5-1图

图 5-32a 所示零件的铣削加工成形轨迹形状简单，无尺寸精度和位置精度要求，零件轮廓由直线和圆弧组成，采用机用虎钳装夹零件，选择 ϕ16mm 的两刃立铣刀按刀具中心轨迹一次走刀完成零件加工。工件坐标系建立在工件中心点处，刀具进给路线如图 5-32b 所示，从 1 点处进给到铣削深度，沿 1→2→3→4→5→6→7→8→9→10 的路线进行铣削，在 10 点处提刀，切入和切出工件均从切线方向进入。运用 AutoCAD 软件获得各点坐标分别为：1（54.3581，-43）、2（-20，-43）、3（-43，-20）、4（-43，20）、5（-20，43）、6（20，43）、7（43，20）、8（43，-20）、9（20，-43）、10（-44.4293，-43）。凸台铣削参考程序见表 5-6。

表 5-6　例 5-1 参考程序

程　　　序		注　　　释
O0051；		程序名
N10	G54 G90 G17；	零点偏置，绝对编程，加工面为 XY 面
N20	G00 Z50.；	移动刀具到工件上方 50mm
N30	M03 S1000；	主轴正转，转速为 1000r/min
N40	G00 Z20.；	移动刀具到工件上方 20mm
N50	X54.3581 Y-43.；	定位到 1 点
N60	G01 Z-3. F100.；	进给到切削深度
N70	X-20.；	铣削到 2 点
N80	G02 X-43. Y-20. R23.；	铣削到 3 点
N90	G01 Y20.；	铣削到 4 点
N100	G02 X-20. Y43. R23.；	铣削到 5 点
N110	G01 X20.；	铣削到 6 点
N120	G02 X43. Y20. R23.；	铣削到 7 点
N130	G01 Y-20.；	铣削到 8 点
N140	G02 X20. Y-43. R23.；	铣削到 9 点
N150	G01 X-44.4293；	铣削到 10 点
N160	G00 Z20.；	提刀到工件上方 20mm
N170	X100. Y100.；	移动刀具到 X100mm、Y100mm 处
N180	M05；	主轴停
N190	M30；	程序结束

例 5-2　如图 5-33 所示，毛坯尺寸为 120mm×120mm×25mm，所有表面均已加工完成，试编程加工深度为 3mm、宽度为 8mm 的凸轮槽。

该零件凸轮槽轮廓由直线和圆弧组成，没有精度要求，可选择 ϕ8mm 的键槽铣刀沿刀具中心轨迹编程，一次走刀成形，在 1 点处进给到切削深度，沿 1→2→3→4→5 的路线进行铣削。工件坐标系建立在工件中心处，各点坐标分别为：1（-45，0）、2（-45，9）、3（-42.9176，13.7951）、4（-19.3817，34.0840）、5（55，0）。凸轮槽铣削参考程序见表 5-7。

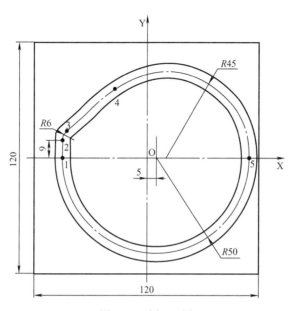

图 5-33　例 5-2 图

表 5-7　例 5-2 参考程序

程　序		注　释
O0052；		程序名
N10	G54 G90 G17；	零点偏置，绝对编程，加工面为 XY 面
N20	G00 Z50.；	移动刀具到工件上方 50mm
N30	M03 S1000；	主轴正转，转速为 1000r/min
N40	G00 Z20.；	移动刀具到工件上方 20mm
N50	X−45. Y0.；	定位到 1 点
N60	G01 Z−3. F100.；	进给到切削深度
N70	Y9.；	铣削到 2 点
N80	G02 X−42.9176 Y13.7951 R6.；	铣削到 3 点
N90	G01 X−19.3817 Y34.084；	铣削到 4 点
N100	G02 X55. Y0. R45.；	铣削到 5 点
N110	X−45. R55.；	铣削到 1 点
N120	G00 Z20.；	提刀
N130	X100. Y100.；	将刀具移动到安全位置
N140	M30；	程序结束

8. G41/G42/G40 指令

（1）刀具半径补偿的目的　数控系统控制的是刀具中心的运动轨迹。由于刀具半径的存在，刀具中心与工件轮廓之间存在一个偏移量，如图 5-34 所示。如果按照工件的实际尺寸编程，则加工出的工件轮廓尺寸将比实际尺寸小或大一个刀具半径的值，即工件实际轮廓与编程轮廓不一致。数控机床根据实际刀具半径值，自动改变刀具中心点（刀位点）位置，使实际轮廓和编程轮廓完全一致的功能，称为刀具半径补偿功能（以下简称刀补）。用刀补功能，按工件的实际尺寸编程，改变刀补值后可获得正确的工件轮廓。

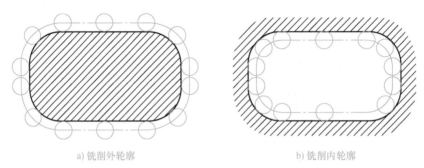

a) 铣削外轮廓　　　　　　　　　　　　　b) 铣削内轮廓

图 5-34　刀具中心轨迹与工件轮廓

（2）刀补指令　G41 为左刀补，G42 为右刀补，G40 为取消刀具半径补偿。

沿刀具前进方向看，刀具在工件左侧时，称为左刀补，用 G41 指令；刀具在工件右侧时，称为右刀补，用 G42 指令，如图 5-35 所示。

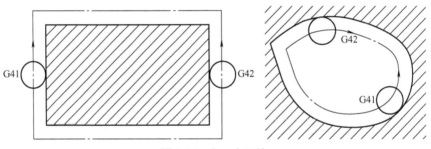

图 5-35　左、右刀补

（3）编程格式

XY 平面:G17 G41/G42 G00/G01 X Y D;
　　　　　G40 G00/G01 X Y;
ZX 平面:G18 G41/G42 G00/G01 X Z D;
　　　　　G40 G00/G01 X Z;
YZ 平面:G19 G41/G42 G00/G01 Y Z D;
　　　　　G40 G00/G01 Y Z;

其中，X、Y、Z 为建立或取消刀具半径补偿的点的坐标；D 为刀具偏置存储器号，取值为 00 ~ 99。在地址 D 所对应的偏置存储器中存入相应的偏置值，其值一般为刀具半径值。

（4）指令说明

1）刀补过程共分三步，包括刀补建立、刀补执行、刀补取消，如图 5-36 所示。

刀补建立是指刀具从起点接近工件时，刀具中心从与编程轨迹重合过渡到与编程轨迹偏离一个偏置量的过程，如图 5-36 中的 N1 段，只有使用 G00 或 G01 才能建立刀补。

刀补执行是指刀具中心与编程轨迹始终相距一个偏置量的过程，如图 5-36 中的 N2、N3、N4、N5 段。

刀补取消是指刀具离开工件，刀具中心轨迹过渡到与编程轨迹重合的过程，如图 5-36 中的 N6 段，只有通过 G00 或 G01 才能取消刀补。

2）为了保证刀具寿命、加工精度、表面质量等，一般采用顺铣，即 G41 指令。

3）为了保证刀补建立与取消时刀具与工件的安全，通常采用 G01 指令来建立或取消刀补。

4）在刀补模式下，一般不允许存在连续两段以上的非补偿平面内移动指令，否则刀具会出现过切等危险动作。

5）应在远离工件的地方建立和取消刀补。

6）利用刀补功能，通过改变刀具半径补偿

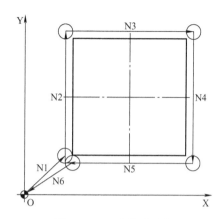

图 5-36 刀具补偿过程

值，可以弥补铣刀的制造误差，扩大刀具直径选用范围和刀具返修刃磨的允许误差。

7）利用刀补功能，通过改变刀具半径补偿值，可以用同一加工程序实现分层铣削和粗、精加工，或者提高加工精度。

例 5-3 如图 5-37 所示，毛坯尺寸为 100mm×70mm×25mm，所有表面均已加工完成，试编制合理的走刀路线加工图中圆槽。

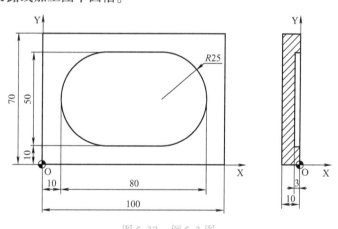

图 5-37 例 5-3 图

该圆槽无精度要求，选择 φ16mm 的立铣刀，走刀路线如图 5-38 所示，分三次铣削，即路线 1→路线 2→路线 3，铣削圆槽轮廓时遵循切向切入切出的原则。圆槽铣削参考程序见表 5-8。

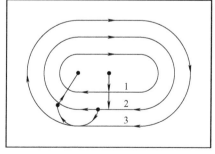

图 5-38 例 5-3 零件铣削走刀路线

表 5-8　例 5-3 参考程序

程　　序		注　　释
O0053 ;		程序名
N10	G54 G90 G17 G40 G95 ;	初始化编程环境
N20	G00 Z50. ;	移动刀具到工件上方 50mm
N30	M03 S1000 ;	主轴正转，转速为 1000r/min
N40	G00 Z20. ;	移动刀具到工件上方 20mm
N50	X－50. Y35. ;	定位到切削起始点
N60	G01 Z－3. F0.5 ;	进给到切削深度
N70	G42 Y26. D01 ;	建立右刀补
N80	X35. ;	铣削路线 1
N90	G02 Y44. R9. ;	
N100	G01 X65. ;	
N110	G02 Y26. R9. ;	
N120	G01 X50. ;	
N130	Y18. ;	铣削路线 2
N140	X35. ;	
N150	G02 Y52. R17. ;	
N160	G01 X65. ;	
N170	G02 Y18. R17. ;	
N180	G01 X44.798 ;	
N190	G02 X35. Y10. R10. ;	铣削路线 3
N200	Y60. R25. ;	
N210	G01 X65. ;	
N220	G02 Y10. R25. ;	
N230	G01 X35. ;	
N240	G02 X25. Y20. R10. ;	
N250	G40 G01 X35. Y35. ;	取消刀补
N260	G00 Z50. ;	提刀
N270	X200. Y200. ;	将刀具移动到安全位置
N280	M30 ;	程序结束

例 5-4　如图 5-39 所示，毛坯尺寸为 100mm × 80mm × 25mm，材料为 45 钢，所有表面均已加工完成，试制定合理的加工工艺并编程加工图中的凸台。

该零件轮廓简单，但有尺寸精度和表面粗糙度要求，故分粗、半精、精加工阶段，粗加工阶段切除大部分加工余量，精加工阶段保证加工精度。由毛坯和零件尺寸可知，该零件的单边加工余量最多为 20mm，因此选择 ϕ16mm 的立铣刀。走刀路线如图 5-40 所示，其中 1→5 为粗加工路线，6→15 为半精加工和精加工路线，半精加工和精加工采用刀具半径补偿功能，在 5′→6 段建立刀补，半精加工刀具半径补偿值为 8.3mm，精加工刀具半径补偿值为

8mm。工件坐标系建立在工件中心处，凸台加工参考程序见表5-9。

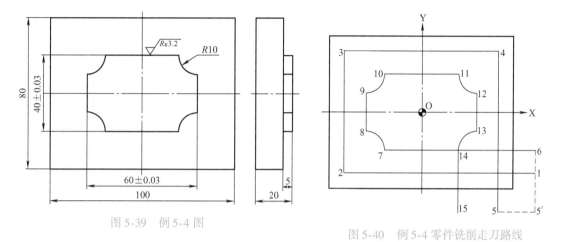

图 5-39 例 5-4 图

图 5-40 例 5-4 零件铣削走刀路线

表 5-9 例 5-4 参考程序

程 序		注 释
O0053；		程序名
N10	G54 G90 G17 G40 ；	初始化编程环境
N20	G00 Z50. ；	移动刀具到工件上方50mm
N30	M03 S1000；	主轴正转，转速为1000r/min
N40	G00 Z20. ；	移动刀具到工件上方20mm
N50	X62.5807 Y−35. ；	定位到切削起始点
N60	Z3. ；	快进到工件上方3mm
N70	G01 Z−5. F150. ；	进给到切削深度
N80	X−45. ；	粗加工，从1点铣削到5点
N90	Y35. ；	
N100	X45. ；	
N110	Y−52. ；	
N120	G00 X62.5807；	快进到5′点
N130	G41 G01 Y−20. D01；	铣削进给到6点，建立刀具左补偿
N140	G01X−20. F100. ；	半精加工，从6点铣削到15点
N150	G03 X−30. Y−10. R10. ；	
N160	G01 Y10. ；	
N170	G03 X−20. Y20. R10. ；	
N180	G01 X20. ；	
N190	G03 X30. Y10. R10. ；	
N200	G01 Y−10. ；	
N210	G03 X20. Y−20. R10. ；	
N220	G01 Y−52. ；	

（续）

程　序		注　释
N230	G40 X62. 5807；	切削进给到 6 点，取消半精加工刀补
N240	G41 Y－20. D02；	铣削进给到 6 点，建立精加工刀补
N250	G01X－20. F50.；	精加工，从 6 点铣削到 15 点
N260	G03 X－30. Y－10. R10.；	
N270	G01 Y10.；	
N280	G03 X－20. Y20. R10.；	
N290	G01 X20.；	
N300	G03 X30. Y10. R10.；	
N310	G01 Y－10.；	
N320	G03 X20. Y－20. R10.；	
N330	G01 Y－52.；	
N340	G40 X62.；	切削进给到 6 点，取消精加工刀补
N350	G00 Z50.；	提刀
N360	X100. Y100.；	退刀
N370	M05；	主轴停
N380	M30；	程序结束

注意：铣削内圆弧时，加工刀具的半径必须符合 $R \geqslant R_{\mathrm{r}} + \Delta$（$R$ 为被加工圆弧半径，R_{r} 为刀具半径，Δ 为加工余量或修正量）的条件才能正常切削，否则会导致过切而产生加工误差。

9. G28 指令

（1）指令功能　数控机床各轴以 G00 的速度从刀具当前点经中间点自动返回参考点。

（2）编程格式

G28 X Y Z；

其中，X、Y、Z 为指定中间点的坐标值，如图 5-41 所示。

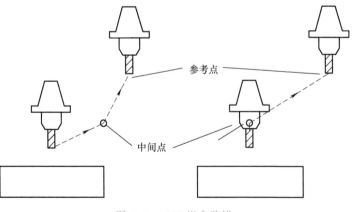

图 5-41　G28 指令路线

（3）指令说明

1）G28 指令为非模态码，通常用于自动换刀，使用时必须先取消刀具补偿。

2）在 G90 中，X、Y、Z 为指定点在工件坐标系中的坐标；在 G91 中，X、Y、Z 为指定点相对于前一个点的位移量。

例如，"G91 G28 X0. Y0. Z0. ;"表示刀具直接返回参考点；"G90 G28 X0. Y0. Z0. ;"表示刀具先回工件坐标系原点，再返回参考点。

3）G28 程序段中不仅记忆移动指令坐标值，还记忆中间点的坐标值，直到被新的 G28 中的对应坐标值替换。例如：

N10 X30. Y50. ;

N20 G28 X-45. Y-25. ;　　　　中间点坐标(-45.,-25.,0)

N30 G28 Z40. ;　　　　中间点坐标(-45.,-25.,40)

【任务实施】

根据任务 5.1 制定的凸模数控加工工序卡、刀具卡、走刀路线及上述理论，在工件中心点处建立凸模工件坐标系。凸模数控加工程序单见表 5-10。

表 5-10　凸模数控加工程序单

凸模数控加工程序单				程序号		O00005
零件号	XMLJ05	零件名称	凸模	编制		审核
程序段号	程序段			注释		
N05	G91 G28 Z0. ;			回参考点		
N10	M06 T1;			换 1 号刀		
N20	G54 G17 G40 G94 G90;			建立工件坐标系，设置初始编程环境		
N30	M03 S800. ;			起动主轴，设定主轴转速为 800r/min		
N40	G00 Z50. ;			定位刀具到起始点		
N50	X50. Y-40. ;					
N60	G01 Z-5. F180. ;			切削进给到铣削深度		
N70	G41 Y-25. D01;			建立粗铣六边形凸台刀补，左补偿		
N80	X-11.5470;			粗铣六边形凸台		
N90	G02 X-15.8771 Y-22.5 R5. ;					
N100	G01 X-27.4241 Y-2.5;					
N110	G02 Y2.5 R5. ;					
N120	G01 X-15.8771 Y22.5;					
N130	G02 X-11.5470 Y25. R5. ;					
N140	G01 X11.5470;					
N150	G02 X15.8771 Y22.5 R5. ;					
N160	G01 X27.4241 Y2.5;					
N170	G02 Y-2.5 R5. ;					
N180	G01 X15.8771 Y-22.5;					
N190	G02 X11.5470 Y-25. R5. ;					
N200	G01 X-50. ;					

（续）

凸模数控加工程序单					程序号		O0005
零件号	XMLJ05	零件名称	凸模	编制		审核	
程序段号	程序段				注释		
N210	G40 Y − 40. ;				取消刀补		
N220	G00 X50. ;				返回起始点		
N230	S1500. ;				改变主轴转速		
N240	G41 Y − 25. D02;				建立精铣六边形凸台刀补，左补偿		
N250	X − 11. 5470;				精铣六边形凸台		
N260	G02 X − 15. 8771 Y − 22. 5 R5. ;						
N270	G01 X − 27. 4241 Y − 2. 5;						
N280	G02 Y2. 5 R5. ;						
N290	G01 X − 15. 8771 Y22. 5;						
N300	G02 X − 11. 5470 Y25. R5. ;						
N310	G01 X11. 5470;						
N320	G02 X15. 8771 Y22. 5 R5. ;						
N330	G01 X27. 4241 Y2. 5;						
N340	G02 Y − 2. 5 R5. ;						
N350	G01 X15. 8771 Y − 22. 5;						
N360	G02 X11. 5470 Y − 25. R5. ;						
N370	G01 X − 50. ;						
N380	G40 Y − 40. ;				取消刀补		
N390	G00 Z100. ;						
N395	M05 M01;				主轴停，准备换刀		
N400	G91 G28 Z0. ;				返回参考点		
N410	M06 T2;				换 2 号刀		
N415	M03 S800. ;						
N420	G90 G00 Z20. ;						
N430	X0. Y0. ;						
N440	G01 Z − 5. F100. ;				进给到铣削深度		
N450	G42 Y − 14. D03;				建立粗铣内圆槽刀补，右补偿		
N460	G02 X0. Y − 14. I0. J14. ;				粗铣内圆槽		
N470	G40 G01 Y0. ;						
N480	G42 G01 X9. 9922 Y − 9. 6046 D03;						
N490	G02 X0. Y − 20. R10. ;						
N500	J20. ;						
N510	X − 9. 9922 Y − 9. 6046 R10. ;						
N520	G40 G01 X0. Y0. ;				取消粗铣内圆槽刀补		

（续）

凸模数控加工程序单				程序号		O0005	
零件号	XMLJ05	零件名称	凸模	编制		审核	
程序段号	程序段			注　释			
N525	S1500. ；			提高主轴转速			
N530	G42 G01 X9.9922 Y－9.6046 D04；			建立精铣内圆槽刀补，右补偿			
N540	G02 X0. Y－20. R10. ；			精铣内圆槽			
N550	J20. ；						
N560	X－9.9922 Y－9.6046 R10. ；						
N570	G40 G01 X0. Y0. ；			取消精铣内圆槽刀补			
N580	G00 Z50. ；			提刀			
N590	X100. Y100. ；						
N600	M05；			主轴停			
N610	M30；			程序结束			

■ 【任务考核】

任务 5.2 评价表见表 5-11，采用得分制，本任务在课程考核成绩中的比例为 5%。

表 5-11　任务 5.2 评价表

评价内容	评分标准	配分
出　勤	出勤考核，每次 5 分，本任务共考核 3 次，缺课、迟到、早退均不得分	15
学习态度	设合格、不合格两个等级，共考核 5 次，凡出现在课堂上讲话、玩手机、看小说等破坏课堂纪律行为的均为不合格，合格者每次课得 3 分	15
任务资讯	将提交的资讯材料，分为优、良、合格、不合格四个等级，各等级分值比例分别为 100%、80%、60%、40%	30
任务实施	将提交的凸模程序单，分为优、良、合格、不合格四个等级，各等级分值比例分别为 100%、80%、60%、40%	25
任务总结	总结材料能反映任务实施过程、任务成果、个人工作，设合格、不合格两个等级，各等级分值比例分别为 100%、0%	5
职业素质	考察任务独立完成度、职业道德、主动性、合作性等	10

■ 【任务总结】

本任务主要讲解数控铣床坐标系的建立和数控铣床编程指令。

课后习题

1. 铣床工件坐标系的建立原则有哪些？
2. 何为机床参考点和机床原点？
3. 工件坐标系设定指令有哪些？
4. 刀具半径补偿的目的是什么？左右刀补如何确定？
5. 刀补过程分为哪几个步骤？

任务 5.3　凸模零件数控仿真加工

■【任务目标】

通过本任务的实施，掌握数控加工中心仿真加工方法，能进行凸模的数控仿真加工。

■【任务资讯】

本书中选用 FANUC 数控系统、标准配置的数控铣床，数控加工中心选用 FANUC 数控系统的北京第一机床厂 XKA714/B 型数控加工中心。在宇龙仿真系统中，这两款机床的 CRT、数控系统操作面板、机床操作面板的各功能按键与采用 FANUC 数控系统、标准配置的数控车床相同，相关按键功能见项目一中的任务 1.3。

■【任务实施】

凸模的数控仿真加工过程如下。

（一）开机床

1）单击开始菜单中的【数控加工仿真系统】，启动【仿真加工系统】对话框，单击【快速登录】进入系统。

2）单击工具栏上的 按钮，打开【选择机床】对话框，如图 5-42 所示，控制系统和机床类型分别选择 "FANUC" "FANUC 0i" "立式加工中心" "北京第一机床厂 XKA714/B"，然后单击【确定】按钮完成机床的选择。

3）查看急停按钮 是否按下，如果是按下状态，则单击，使其呈松开状态 。

4）单击 按钮，起动机床，此时 上方的指示灯亮。

（二）回零

开机后回零，具体操作如下：单击回原点按钮 ，使其上方指示灯亮，然后单击 X → 按钮， 按钮上方指示灯亮，X 向回到原点；单击 Y → 按钮， 按钮上方指示灯亮，Y 向回到原点；再单击 Z → 铵钮， 按钮上方指示灯亮，Z 向回到原点，回零操作完毕。回原点后，坐标系显示如图5-43所示。

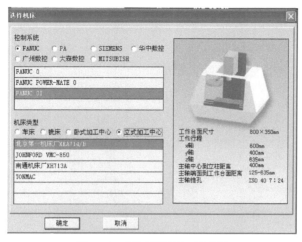

图 5-42　【选择机床】对话框

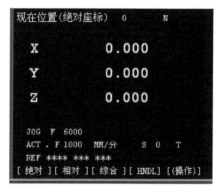

图 5-43　回原点后坐标系显示

（三）工件、刀具安装

1）单击工具栏上的 按钮，打开【定义毛坯】对话框，如图 5-44 所示，定义毛坯名为"凸模"，材料选择 45 钢，输入合适的工件尺寸，单击【确定】，完成毛坯的定义。

2）单击工具栏上的 按钮，打开【选择夹具】对话框，如图 5-45 所示。在【选择零件】后的下拉列表里选择已定义毛坯"凸模"，在【选择夹具】后的下拉列表里选择"平口钳"，单击【向上】【向下】按钮调整工件的位置，合适后单击【确定】按钮。

3）单击工具栏上的 按钮，打开【选择零件】对话框，如图 5-46 所示，选择凸模毛坯，单击【安装零件】按钮，完成零件的装夹。

4）本项目一共用到两把刀，即铣削六边形凸台的 $\phi20\text{mm}$ 立铣刀和铣削内圆槽的 $\phi12\text{mm}$ 立铣刀，因为采用数控加工中心加工，所以两把刀可同时安装到刀库中。

单击工具栏上的 按钮，打开【选择铣刀】对话框，如图 5-47 所示，在【所需刀具直径】对应的文本框内输入第一把立铣刀的直径"20"，按【Enter】键后，系统中所有直径为 20mm 的铣刀将全部列在【可选刀具】下，根据加工需要选择刀具总长为 130mm、刃长为 14mm、切削刃为 2 的平底刀，所选刀具会出现在【已经选择的刀具】列表框中；用同样方法选择刀具总长为 110mm、刃长为 50mm、切削刃为 4、直径为 12mm 的平底刀。选好后单击【确认】按钮，完成刀具的安装，如图 5-48 所示。

图 5-44 【定义毛坯】对话框

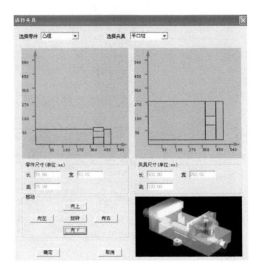

图 5-45 【选择夹具】对话框

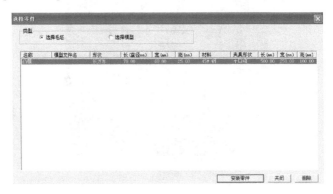

图 5-46 【选择零件】对话框

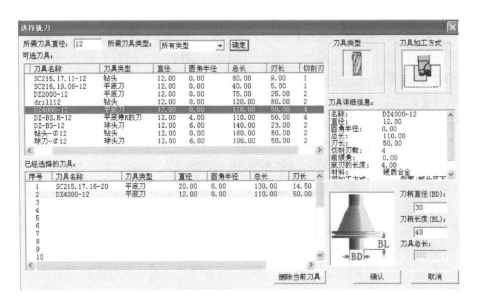

图 5-47 【选择铣刀】对话框

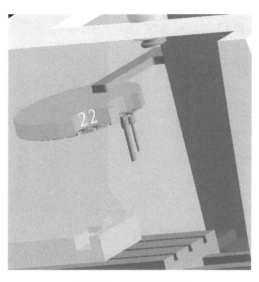

图 5-48 刀具安装完成

（四）对刀

数控铣床和数控加工中心的对刀要确定 X、Y、Z 三个方向，一般在 X、Y 方向对刀时采用基准工具，在 Z 方向对刀时采用实际刀具。基准工具包括刚性靠棒和寻边器两种，两者的区别在于精度和价格不同。

刚性靠棒的价格低，使用时主轴静止，刚性靠棒与零件不接触，用塞尺来测量塞尺与零件之间的间隙，从而确定 X、Y 轴的基准。因为测量塞尺与零件的间隙需要依赖操作者的经验来判断，所以精度比较低，通常为 0.03~0.06mm，如果操作者有较高的操作技能，则精度可以达到 0.02~0.03mm。

寻边器的价格中等，使用时主轴转速为 400~600r/min，当寻边器与零件接触时，由于离心力的缘故，轻微接触就会产生明显的偏心现象，使用较方便，精度为 0.01~0.03mm，如果操作者有较高的操作技能，则精度可以达到 0.005~0.01mm。

本书中采用刚性靠棒作为基准工具进行对刀操作，将工件坐标系建立在工件上表面中心处，具体操作步骤如下：

1）单击【机床】→【基准工具】按钮或工具栏上的 按钮，弹出【基准工具】对话框，如图 5-49 所示，左边的是刚性靠棒，右边的是寻边器，选择刚性靠棒，单击【确定】后将刚性靠棒安装到主轴上。

2）单击手动按钮 ，使其上方指示灯亮，切换到手动模式。

3）X 方向对刀。单击 按钮，使 CRT 界面上显示坐标值；单击 、 、 、 、 等按钮，配合动态旋转、动态平移、前视图、左视图、俯视图等工具，将刀具移动到工件附近，如图 5-50 所示。

4）单击【塞尺检查】→1mm，在基准和零件之间插入厚度为 1mm 的塞尺，如图 5-51 所示。

5）单击 按钮、 按钮，显示图 5-52 所示手轮，将坐标轴旋钮 置于 X 档，用

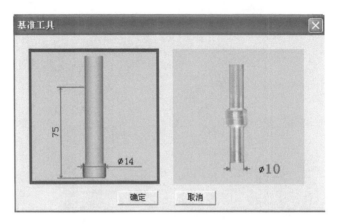

图 5-49 【基准工具】对话框

旋钮选择不同的进给倍率，在 上单击鼠标左、右键，移动刚性靠棒靠近工件，使提示信息对话框中出现"塞尺检查结果：合适"提示，记下 CRT 界面中的 X 坐标值 $X_1 = -257.000$。

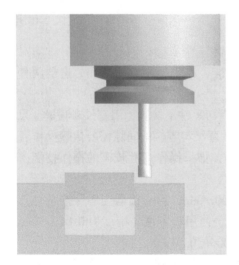

图 5-50　X 向对刀

图 5-51　塞尺检查

图 5-52　手轮

6）将基准工具移到工件另一侧的 X 方向，用上述方法使基准工具靠近工件，在提示信息为合适时记录 CRT 中的 X 坐标值 $X_2 = -343.000$，则 $X = (X_1 + X_2)/2 = -300.000$。

7）用同样的方法进行 Y 向对刀，对刀后 Y = -215.000，单击【塞尺检查】→【收回塞尺】按钮将塞尺收回，将 Z 轴抬高后单击【机床】→【拆除工具】按钮，将基准工具拆除。

8）单击 按钮三下，进入图 5-53a 所示界面，单击【坐标系】软键进入图 5-53b 所示坐标系设定界面，将光标定位到 G54 中的 X、Y 文本框后，分别输入对刀数值"X －300.000""Y －215.000"，完成 X、Y 向对刀。

9）Z 向对刀。建立换刀程序，在其中输入"G91 G28 Z0.；""T1 M6；""G90 G54 G00 X0. Y0."，将 1 号刀装到主轴上，并移到工件上方，选择 1mm 塞尺插入刀具和零件之间，如图 5-54 所示，下方为塞尺。

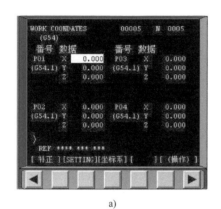
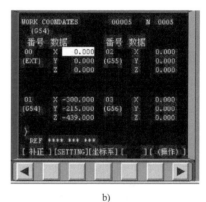

a)   b)

图 5-53 坐标系设定界面

图 5-54 Z 向对刀

10）采用 X 向对刀的方法向下移动刀具，进行塞尺检查，当出现"塞尺检查结果：合适"的提示时，记下 CRT 上显示的 Z 坐标值 Z_1，则 Z 坐标原点值为 Z_1 - 塞尺厚度 = -439.000，将该值输入图 5-53 中的 Z 轴文本框里。用换刀程序将 2 号刀换到主轴上，进行 2 号刀的对刀，并记下对应的 X、Y、Z 坐标。

（五）刀补输入

本项目考虑刀具半径补偿，暂不考虑刀具长度补偿，通过手动修改图 5-53 中的 Z 坐标值来纠正因刀具长度不同而产生的误差，刀具半径补偿值则预先输入数控装置，由程序调用。输入刀具半径补偿值的步骤：单击 OFFSET SETTING 按钮，进入图 5-55 所示的【工具补正】界面，运用→←↑↓键将光标移到"001"番号后的"形状（D）"文本框中，输入粗铣六边形凸台的半径补偿量"10.400"；将光标移到"002"番号后的"形状（D）"文本框中，输入精铣六边形凸台的半径补偿量"10.000"；将光标移到"003"番号后的"形状（D）"文本框中，输入粗铣内圆槽半径补偿量"6.400"；将光标放到"004"番号后的"形状（D）"文本框中，输入精铣内圆槽半径补偿量"6.000"，完成刀具半径补偿值的输入。

（六）程序输入

单击 PROG → 🔲 按钮进入程序编辑界面，单击软键【操作】→ ►，单击软键【F 检索】，在出现的对话框里找到保存的凸模记事本文件后单击【打开】按钮，回到程序编辑界面后单击软键【READ】，在数据输入区输入程序名"O0005"，单击【EXEC】，则记事本文件中的凸模数控加工程序被导入数控系统当前界面中，如图 5-56 所示。

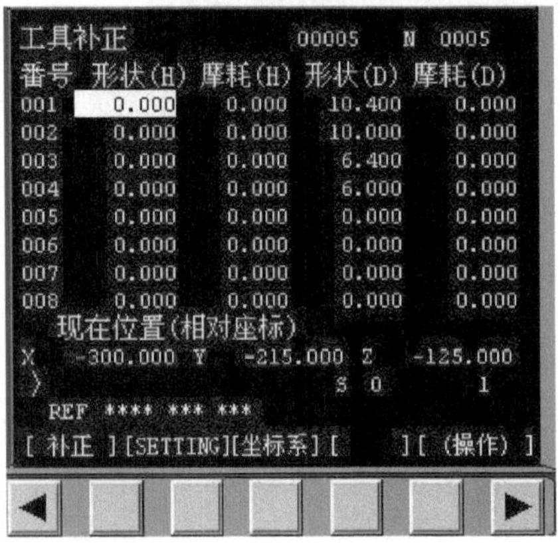

图 5-55　【工具补正】界面

图 5-56　程序输入界面

（七）仿真加工

程序输入后应进行检查，看程序段中的程序段结束符";"是否正确，程序段结束符";"必须用键盘上的英文输入法或数控系统面板上的 EOB 输入。检查无误后，将刀具回零，单击 PROG → 🔲 → 🔲 按钮，进行程序的仿真加工。凸模仿真加工结果如图 5-57 所示。

■【任务考核】

任务 5.3 评价表见表 5-12，采用得分制，本任务在课程考核成绩中的比例为 5%。

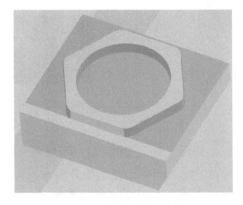

图 5-57　凸模仿真加工结果

表 5-12 任务 5.3 评价表

评价内容	评分标准	配分
出　　勤	出勤考核，每次 5 分，本任务共考核 3 次，缺课、迟到、早退均不得分	15
学习态度	设合格、不合格两个等级，共考核 5 次，凡出现在课堂上讲话、玩手机、看小说等破坏课堂纪律行为的均为不合格，合格者每次课得 3 分	15
任务资讯	将提交的资讯材料，分为优、良、合格、不合格四个等级，各等级分值比例分别为 100%、80%、60%、40%	20
任务实施	将提交的凸模仿真加工图片，分为合格、不合格两个等级，各等级分值比例分别为 100%、50%	35
任务总结	总结材料能反映任务实施过程、任务成果、个人工作，设合格、不合格两个等级，各等级分值比例分别为 100%、0%	5
职业素质	考察任务独立完成度、职业道德、主动性、合作性等	10

【任务总结】

将程序导入仿真系统前，应将其保存在记事本文件中，文件扩展名为 .txt，导入程序时找到对应的记事本文件后，先输入程序名，再按【READ】和【EXEC】键读入程序，如果输入的是记事本文件名，则程序导入无效。

课后习题

1. 简述宇龙数控系统的仿真过程。
2. 铣床对刀的基准工具有哪些？它们的区别是什么？

<table>
<tr><td style="width:15%">项目六</td><td>CHAPTER 6
法兰盘的数控加工工艺设计与编程</td></tr>
</table>

图 6-1 所示法兰盘零件的材料为 45 钢，单件小批量生产，要求分析其数控加工工艺，制定数控加工工艺卡、刀具卡，编制数控加工程序，并进行数控仿真加工。

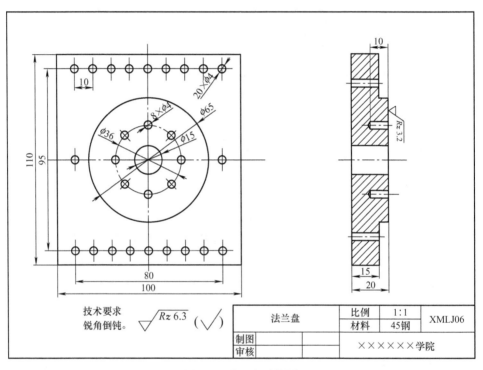

图 6-1 法兰盘零件图

任务 6.1 法兰盘数控加工工艺设计

■【任务目标】

通过本任务的实施，掌握铣削方式、孔加工刀具、铣削用量、孔加工走刀路线设计等工艺知识，能分析法兰盘零件的数控加工工艺，并编制数控加工工艺卡、刀具卡。

■【任务资讯】

（一）铣削方式

铣削加工分为端铣和周铣，端铣是利用分布在铣刀端面上的端面切削刃进行切削，周铣是利用刀具的侧刃或圆周刀齿进行切削，如图 6-2 所示。其中，周铣又分顺铣和逆铣，如果铣刀旋转方向与工件进给方向相反，则称为逆铣；如果铣刀旋转方向与工件进给方向相同，则称为顺铣，如图 6-3 所示。

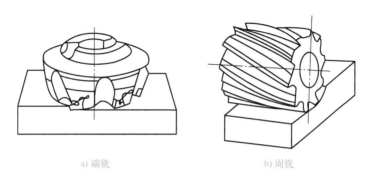

a) 端铣   b) 周铣

图 6-2 端铣和周铣

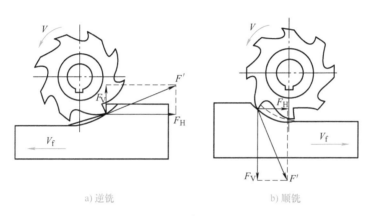

a) 逆铣   b) 顺铣

图 6-3 逆铣和顺铣

逆铣时，刀齿的切削厚度从零逐渐增大至最大值，刀齿从已加工表面切入，对铣刀的使用有利。但在开始切入时，由于刀齿刃口有圆弧，刀齿会在工件表面打滑，产生挤压与摩擦，使这段表面产生冷硬层，滑行一定距离后，刀齿才能切下一层金属层。下一个刀齿切入时，又在冷硬层上挤压、摩擦、滑行，这样不仅加速了刀具磨损，同时也使工件表面粗糙度值增大，对切削不利。此外，在刀齿切离工件的瞬时，铣削力的垂直铣削分力是向上的，对工件的夹紧也不利，易引起振动。

顺铣时，刀齿的切削厚度从最大值逐渐递减至零，刀齿从待加工表面切入，受到的冲击载荷较大，刀齿变钝较快，对铣刀的使用有害。但刀齿在铣削时没有滑行现象，已加工表面的加工硬化程度大大减轻，加工质量较高，且顺铣消耗的功率比逆铣小。顺铣时铣削力的垂直铣削分力是向下的，有利于工件的夹紧，但水平铣削分力方向与工件进给方向一致，当铣削力较大时，如果工作台丝杠与螺母间存在间隙，工作台将产生窜动，破坏切削过程的平稳性，影响工件的加工质量，严重时会损坏刀具。

一般来说，当工件毛坯表面没有硬皮、工艺系统具有足够的刚性时，数控铣削加工应尽量采用顺铣，以降低被加工零件的表面粗糙度值，保证尺寸精度。但是，当切削面上有硬质层或工件表面凹凸不平较显著时，如加工锻造毛坯、粗加工时，则应采用逆铣。

（二）孔加工刀具

孔加工方法有钻孔、镗孔、铰孔、扩孔、拉孔、内孔磨、攻螺纹等，各种孔加工方法所能达到的尺寸公差等级和表面粗糙度值见表 6-1。常用孔加工刀具有麻花钻、中心钻、扩孔钻、铰刀、镗刀、丝锥等，如图 6-4 所示。

表 6-1　孔加工方法能达到的尺寸公差等级和表面粗糙度值

孔加工方法	尺寸公差等级	表面粗糙度值/μm
钻孔	IT10 ~ IT13	$Ra12.5$
扩孔	IT10 ~ IT9	$Ra6.3 ~ 3.2$
铰孔	IT8 ~ IT6	$Ra0.4 ~ 0.2$
镗孔	IT7 ~ IT6	$Ra1.6 ~ 0.8$
拉孔	IT7 ~ IT6	$Ra0.8 ~ 0.4$
内孔磨	IT6 ~ IT5	$Ra0.8 ~ 0.2$

a) 麻花钻　　b) 中心钻　　c) 铰刀　　d) 镗刀　　e) 丝锥

图 6-4　常用孔加工刀具

1. 麻花钻

在数控机床上钻孔一般无钻模，钻孔刚性差，应使钻头直径 D 满足 $L/D \leqslant 5$（L 为钻孔深度）的条件。钻大孔时，可采用刚度较大的硬质合金扁钻；钻浅孔（$L/D \leqslant 2$）时，则应采用硬质合金浅孔钻，以提高效率和加工质量。

钻孔时，应先选用大直径钻头或中心钻锪一个内锥坑，作为钻头切入时的定心锥面，再用钻头钻孔。有硬皮时，可先用硬质合金铣刀铣去孔口表皮，然后再锪孔和钻孔。

2. 中心钻

中心钻常用于加工中心孔，有 A、B、C 三种形式，生产中常用 A 型和 B 型。A 型中心钻不带护锥，B 型中心钻带护锥。当加工直径 $d = 1 ~ 10mm$ 的中心孔时，通常采用 A 型中心钻；对于工序较多、精度要求较高的工件，为了避免 60° 定心锥被损坏，一般采用 B 型中心钻。

3. 扩孔钻

扩孔钻与麻花钻相似，但其齿数较多，一般有 3 ~ 4 个齿，主切削刃不通过中心，无横刃，钻心直径较大。扩孔钻的强度和刚性均比麻花钻好，通常用来扩大孔径，或作为铰孔、磨孔前的预加工。

4. 铰刀

铰刀是对预制孔进行半精加工或精加工的多刃刀具。铰刀的精度等级分为 H7、H8、H9 三级，其公差由铰刀专用公差确定，分别适合铰削 H7、H8、H9 公差等级的孔。铰刀又可以分为 A 型和 B 型，A 型为直槽铰刀，B 型为螺旋槽铰刀。螺旋槽铰刀切削过程稳定，适合加工断续表面。

5. 镗刀

镗孔一般是悬臂加工，应尽量采用对称的两刃或两刃以上的镗刀头进行切削，以平衡径向力，减少镗削振动。阶梯孔的镗削加工宜采用组合镗刀，以提高镗削效率。精镗时宜采用微调镗刀。

镗孔加工除选择刀片和刀具外，还要考虑镗刀杆的刚度，应尽可能选择较粗（接近镗孔直径）的镗刀杆及较短的镗刀杆臂，以防止或消除振动。当镗刀杆臂小于 4 倍镗刀杆直径时可用钢制镗刀杆，加工要求较高的孔时最好选用硬质合金镗刀杆。当镗刀杆臂为 4 ~ 7 倍镗刀杆直径时，小孔用硬质合金镗刀杆，大孔用减振镗刀杆。当镗刀杆臂为 7 ~ 10 倍镗刀杆直径时，需要采用减振刀杆。

（三）铣削用量

1. 基本概念

铣削用量包括背吃刀量、侧吃刀量、铣削速度和进给量，如图 6-5 所示。

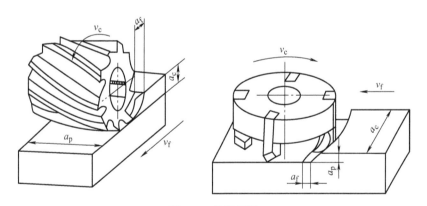

图 6-5　铣削用量

（1）背吃刀量 a_p　背吃刀量是指一次铣削进给过程中待加工表面与已加工表面之间的垂直距离，即铣削深度。

（2）侧吃刀量 a_c　侧吃刀量是指一次铣削进给过程中测得的已加工表面的宽度，即铣削宽度。

（3）铣削速度 v_c　铣削速度是指主运动的线速度，即铣刀铣削刃上某点在单位时间内被加工表面所走过的长度，单位为 m/min，计算公式为

$$v_c = \pi d_0 n / 1000 \tag{6-1}$$

式中，d_0 为铣刀直径，单位为 mm；n 为铣刀转速，单位为 r/min。

（4）进给量　进给量是指在铣削中，工件相对于铣刀在进给方向上移动的距离，它有

三种表示形式：每齿进给量 f_z、每转进给量 f、每分钟进给速度 v_f。

每齿进给量：多齿刀每转或每行程中，每齿相对工件在进给方向上的位移量，单位为 mm/z，铣削时一般采用该形式的进给量。

每转进给量：铣刀每转过一周，工件相对于铣刀移动的距离，单位为 mm/r。f_z 与 f 的关系为 $f = f_z z$，其中 z 为铣刀刀齿数。

进给速度：每分钟内工件相对于铣刀移动的距离，单位为 mm/min。

三种表示形式之间的关系为

$$v_f = fn = f_z zn \qquad (6-2)$$

2. 铣削用量的选择

铣削用量的选择原则是：保证零件的加工精度和表面粗糙度，充分发挥刀具的铣削性能，保证合理的刀具使用寿命并充分发挥机床的性能，使 a_p、v_c、f 三者的乘积最大。粗加工时，一般在考虑经济性的同时以提高生产率为主；半精加工和精加工时，应在保证加工质量的前提下，兼顾切削效率、经济性等。通常，从保证刀具使用寿命的角度出发，先确定背吃刀量或侧吃刀量，再确定进给量，最后确定切削速度。

（1）背吃刀量的确定 背吃刀量的选取主要由加工余量和表面质量要求决定。原则上，背吃刀量应尽可能选得大些，以减少走刀次数，提高加工效率；但也不能太大，否则会由于切削力过大而造成崩刃等现象。同时，应尽量使 a_p 超过硬皮或冷硬层厚度，以防止刀尖过早磨损。

粗加工时，在机床功率和刀具强度允许的条件下，可使 a_p 与工件加工余量相同，一次走刀应尽可能切除全部余量。在中等功率机床上，粗加工时的 a_p 可取 8~10mm，半精加工时可取 0.5~2mm，精加工时可取 0.05~0.4mm。端铣时，背吃刀量的推荐值见表6-2。

表6-2 端铣时背吃刀量的推荐值 （单位：mm）

工件材料	高速工具钢铣刀		硬质合金铣刀	
	粗铣	精铣	粗铣	精铣
铸铁	5~7	0.1~0.5	10~18	1~2
软钢	<5	0.1~0.5	<12	1~2
中硬钢	<4	0.1~0.5	<7	1~2
硬钢	<3	0.1~0.5	<4	1~2

（2）进给量的确定 粗铣时，限制进给量提高的主要因素是铣削力。进给量主要根据铣床进给机构的强度、铣刀刀柄尺寸、刀齿强度以及工艺系统（如机床、夹具）的刚度来确定。在上述条件许可的情况下，进给量应尽量取大些。

精铣时，限制进给量提高的主要因素是加工表面的表面粗糙度，进给量越大，表面粗糙度值也越大。为了减少工艺系统的弹性变性，减小已加工表面残留面积的高度，一般采用较小的进给量。

每齿进给量 f_z 的选取主要取决于工件材料的力学性能、刀具材料、工件表面粗糙度等因素。工件材料的强度和硬度越高，f_z 应越小；反之则越大。硬质合金铣刀的每齿进给量高于同类高速工具钢铣刀。工件表面粗糙度值要求越小，f_z 应越小。铣刀每齿进给量推荐值见表6-3。

表6-3　铣刀每齿进给量推荐值　　　　　　　　　　　　　　　（单位：mm/z）

工件材料	平铣刀	面铣刀	圆柱铣刀	端铣刀	成形铣刀	高速工具钢镶刃刀	硬质合金镶刃刀
铸铁	0.2	0.2	0.07	0.05	0.04	0.3	0.1
可锻铸铁	0.2	0.15	0.07	0.05	0.04	0.3	0.09
低碳钢	0.2	0.12	0.07	0.05	0.04	0.3	0.09
中高碳钢	0.15	0.15	0.06	0.04	0.03	0.2	0.08
铸钢	0.15	0.1	0.07	0.05	0.04	0.2	0.08
镍铬钢	0.1	0.1	0.05	0.02	0.02	0.15	0.06
高镍铬钢	0.1	0.1	0.04	0.02	0.02	0.1	0.05
黄铜	0.2	0.2	0.07	0.05	0.04	0.03	0.21
青铜	0.15	0.15	0.07	0.05	0.04	0.03	0.1
铝	0.1	0.1	0.07	0.05	0.04	0.02	0.1

攻螺纹时，进给速度的选择取决于螺孔的螺距 P，由于使用了有浮动功能的攻螺纹夹头，攻螺纹时，进给速度一般小于计算数值，即

$$v_c \leqslant Pn \tag{6-3}$$

普通麻花钻的钻削进给量可按经验公式估算选取

$$f = (0.01 \sim 0.02)d_0 \tag{6-4}$$

（3）铣削速度的确定　铣削速度可根据已确定的背吃刀量、进给量，在保证加工质量和铣刀使用寿命的前提下进行选取。

铣削时，影响切削速度的主要因素有铣刀材料的性质、铣刀使用寿命、工件材料的性质、铣削条件及切削液的使用情况。

粗铣时，由于金属切除量大、产生的热量多、铣削温度高，为了保证合理的铣刀使用寿命，铣削速度要比精铣时低一些。在铣削不锈钢等韧性好、强度高的材料，以及其他一些硬度高、热强度性能好的材料时，铣削速度要更低一些。此外，粗铣时铣削力大，必须考虑铣床功率是否足够，必要时应适当降低铣削速度，以减少功率消耗。

精铣时，一方面考虑合理的铣削速度，以抑制积屑瘤产生，提高表面质量；另一方面，由于刀尖磨损往往会影响加工精度，因此，应选用耐磨性较好的刀具材料，并尽可能保证在最佳铣削速度范围内工作。精铣加工面积大的工件时，往往采用铣削速度比粗铣时还要低的低速铣削。铣削速度推荐值见表6-4。

表6-4　铣削速度推荐值　　　　　　　　　　　　　　　　　（单位：m/min）

工件材料	硬度 HBW	铣削速度	
		硬质合金铣刀	高速工具钢铣刀
低碳钢、中碳钢	<220	80 ~ 150	21 ~ 40
	225 ~ 290	60 ~ 115	15 ~ 36
	300 ~ 425	40 ~ 75	9 ~ 20

(续)

工件材料	硬度 HBW	铣削速度	
		硬质合金铣刀	高速工具钢铣刀
高碳钢	<220	60 ~ 130	18 ~ 36
	225 ~ 325	53 ~ 105	14 ~ 24
	325 ~ 375	36 ~ 48	9 ~ 12
	375 ~ 425	35 ~ 45	9 ~ 10
合金钢	<220	55 ~ 120	15 ~ 35
	225 ~ 325	40 ~ 80	10 ~ 24
	325 ~ 425	30 ~ 60	5 ~ 9
工具钢	200 ~ 250	45 ~ 83	12 ~ 23
灰铸铁	100 ~ 140	110 ~ 115	24 ~ 36
	150 ~ 225	60 ~ 110	15 ~ 21
	230 ~ 290	45 ~ 90	9 ~ 18
	300 ~ 320	21 ~ 30	5 ~ 10
可锻铸铁	110 ~ 160	100 ~ 200	42 ~ 50
	160 ~ 200	83 ~ 120	33 ~ 34
	200 ~ 240	72 ~ 110	15 ~ 24
	240 ~ 280	40 ~ 60	9 ~ 21
铝镁合金	95 ~ 100	360 ~ 600	180 ~ 300

(四) 孔加工走刀路线设计

加工孔时，一般先将刀具在 XY 平面内快速定位运动到孔中心线位置上，然后再使刀具沿 Z 向运动进行加工。因此，孔加工进给路线的确定包括 XY 平面内和 Z 向进给路线的确定。

1. XY 平面内进给路线的设计

加工孔时，刀具在 XY 平面内的运动属于点位运动，确定进给路线时，主要考虑定位要快速、准确。

定位快速是指在刀具不与工件、夹具和机床碰撞的前提下，空行程时间应尽可能短，这就要求走刀路线要满足最短原则。如图 6-6 所示，加工图示孔系有图 6-6a、b 所示的两种进给路线，但图 6-6b 所示路线最短，定位最快速，加工效率最高。

定位准确是指在设计进给路线时，要避免机械进给系统反向间隙对孔定位精度的影响。对于孔定位精度要求较高的零件，在精镗孔系时，镗孔路线一定要与各孔的定位方向一致，即采用单向趋近定位点的方法，以避免传动系统反向间隙误差或测量系统误差对定位精度的影响。

如图 6-7 所示，钻零件上的十个孔时有两种路线：路线一为 1→2→3→4→5→10→9→8→7→6；路线二为 1→2→3→4→5→起点→6→7→8→9→10。按路线一钻孔时，孔 1 ~ 5 的定位方向是从左到右，而孔 10 ~ 6 的定位方向是从右到左，上下两排孔的定位方向相反，X 向的反向间隙会使定位误差增加，从而影响孔 10 ~ 6 的定位精度；按路线二加工时，则

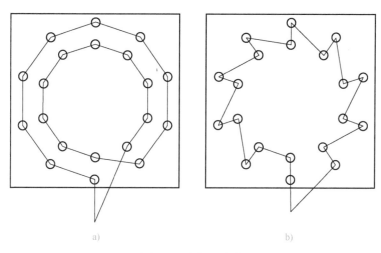

图 6-6　孔加工路线

孔 1～10 的定位方向一致，避免了反向间隙的引入。

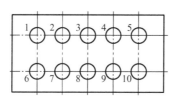

图 6-7　孔定位精度

2. Z 向进给路线的设计

（1）进给路线　刀具在 Z 向的进给路线分为快速移动进给路线和工作进给路线。刀具先从初始平面快速运动到参考平面（R 平面），然后工作进给加工孔。图 6-8 所示为加工单孔和多孔的进给路线。

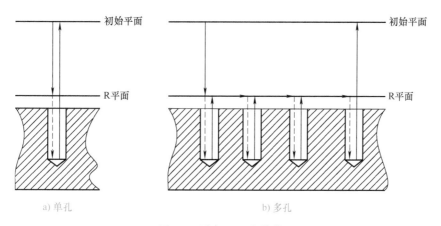

a) 单孔　　　　　　　　　　　b) 多孔

图 6-8　孔加工 Z 向路线

（2）导入量和超越量　孔加工导入量是指在孔加工过程中，刀具自快进转为工进时，刀尖位置与孔上表面间的距离，即 R 平面的位置，如图 6-9 中的 ΔZ_1。加工已加工平面上的孔时，导入量一般取 3 ~ 5mm；加工毛坯表面的孔时，导入量一般取 5 ~ 8mm；攻螺纹时，导入量要取得大些，一般为 5 ~ 10mm。

孔加工超越量是指在加工通孔时，刀尖超过孔底的距离，如图 6-9 中的 ΔZ_2。钻通孔时，超越量一般取 $Z_P + (1 ~ 3mm)$（Z_P 为钻尖高度，通常取钻头直径的 30%）；铰通孔时，超越量一般取 3 ~ 5mm；镗通孔时，超越量一般取 1 ~ 3mm；攻螺纹时，超越量一般取 5 ~ 8mm。

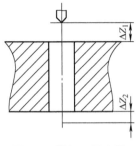

图 6-9　孔加工导入量与超越量

【任务实施】

1. 零件结构分析

法兰盘三维结构如图 6-10 所示。法兰盘由圆柱小凸台与孔组成，圆柱凸台的表面粗糙度值为 3.2μm，其他表面的表面粗糙度值为 6.3μm。根据零件尺寸确定毛坯尺寸为 105mm ×115mm×25mm，毛坯的六个面在普通机床上加工，圆柱凸台和孔在数控铣床上加工。

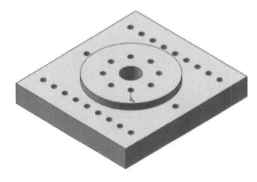

图 6-10　法兰盘三维结构

2. 铣削工艺分析

本项目零件采用铣床通用虎钳装夹，根据先面后孔的工序安排原则，查表 6-3、表 6-4 并根据上述理论和公式，制定法兰盘数控铣削加工刀具卡，见表 6-5。加工工序卡见表 6-6，走刀路线如图 6-11 所示。

表 6-5　法兰盘数控铣削加工刀具卡

法兰盘数控铣削加工刀具卡						
序号	刀具号	刀具名称	刀具材料	数量	加工内容	刀补
1	T01	ϕ20mm 立铣刀	硬质合金	1	粗、精铣圆柱凸台	D01 D02
2	T02	ϕ3mm 中心钻	高速工具钢	1	钻中心孔	—
3	T03	ϕ4mm 钻头	高速工具钢	1	钻 ϕ4mm 孔	H01
4	T04	ϕ15mm 钻头	高速工具钢	1	钻 ϕ15mm 孔	H02
编制		审核		批准		日期	

表 6-6 法兰盘数控铣削加工工序卡

法兰盘数控铣削加工工序卡

零件名称	法兰盘	加工方法		数控铣				零件图号	XMLJ06
机床型号	XK5032	夹具		通用虎钳				零件材料	45 钢
序号	工步内容	刀具名称代号	v_c /(m/min)	n /(r/min)	f /(mm/min)			a_p /mm	加工控制
1	粗铣圆柱凸台	T01	80	1273	191 ($f_z = 0.15\,mm/z$)			5.4	程序 O0006
2	精铣圆柱凸台	T01	100	1591	159 ($f_z = 0.1\,mm/z$)			0.4	
3	钻中心孔（29 处），深 3mm	T02	18.8	2000	60			1.5	
4	钻 28 个 $\phi4mm$ 小孔	T03	20	1591	127 ($f_z = 0.04\,mm/z$)			5	
5	钻 $\phi15mm$ 的孔	T04	20	424	127 ($f_z = 0.15\,mm/z$)			0.4	
编制		审核		批准				日期	

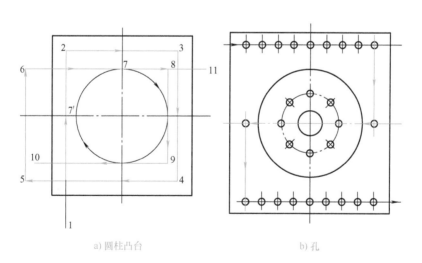

a) 圆柱凸台　　　　　　　　　　b) 孔

图 6-11 法兰盘加工走刀路线

图 6-11a 所示为法兰盘圆柱凸台铣削走刀路线，粗铣路线为 1→2→3→4→5→6→7→7′→7→8→9→10，精铣路线为 6→7→7′→7→8→11；图 6-11b 所示为孔加工路线，上下两排孔采用同一定位方向，以避免反向间隙的影响。

■ 【任务考核】

任务 6.1 评价表见表 6-7，采用得分制，本任务在课程考核成绩中的比例为 5%。

表 6-7　任务 6.1 评价表

评价内容	评分标准	配分
出　勤	出勤考核，每次 5 分，本任务共考核 3 次，缺课、迟到、早退均不得分	15
学习态度	设合格、不合格两个等级，共考核 5 次，凡出现在课堂上讲话、玩手机、看小说等破坏课堂纪律行为的均为不合格，合格者每次课得 3 分	15
任务资讯	将提交的资讯材料，分为优、良、合格、不合格四个等级，各等级分值比例分别为 100%、80%、60%、40%	30
任务实施	将提交的工艺文件，分为优、良、合格、不合格四个等级，各等级分值比例分别为 100%、80%、60%、40%	25
任务总结	总结材料能反映任务实施过程、任务成果、组员工作，设合格、不合格两个等级，各等级分值比例分别为 100%、0%	5
职业素质	考察任务独立完成度、职业道德、主动性、合作性等	10

【任务总结】

本任务主要讲解了铣削方式、孔加工刀具、铣削用量和孔加工走刀路线设计的基本知识。

课后习题

1. 铣削方式有哪几种？
2. 顺铣和逆铣如何判断？
3. 常用孔加工方法有哪些？
4. 铣削用量有哪些？如何选择？

任务 6.2　法兰盘数控加工程序编制

【任务目标】

通过本任务的实施，掌握刀具长度补偿指令、孔加工固定循环指令等编程知识，能编制法兰盘的数控加工程序。

【任务资讯】

（一）刀具长度补偿指令

1. 刀具长度补偿指令的作用

刀具长度补偿指令是用来补偿刀具长度方向尺寸变化的指令。在编写工件加工程序时，按照标准刀具长度或一个确定的编程参考点进行编程，当刀具实际长度与标准刀具长度不一致时，用刀具长度补偿功能来实现对刀具长度差值的补偿，即编程时不必考虑刀具长度。同样，在加工中，当刀具因磨损、重磨、换新刀具而发生长度变化时，也不需要修改程序中的坐标值，只修改刀具补偿寄存器中的长度补偿值即可。如果加工一个工件需要使用多把刀，且各刀的长短不同，则编程时也不必考虑刀具长度对坐标值的影响，只要把其中一把刀设为标准刀，其余各刀相对标准刀设置长度补偿值即可。

2. 刀具长度补偿指令 G43、G44、G49

（1）功能　G43 为刀具长度正补偿指令，G44 为刀具长度负补偿指令，G49 为取消刀具长度补偿指令。

（2）编程格式

G43（G44）G00/G01 Z H；

（3）说明

1）Z 为补偿轴终点坐标，H 为长度补偿偏置号，取值为 00 ~ 99。

2）执行 G43 时，$Z_{实际值} = Z_{指令值} + (H \times \times)$；执行 G44 时，$Z_{实际值} = Z_{指令值} - (H \times \times)$ 其中，$H \times \times$ 是编号为 $\times \times$ 的寄存器中的长度补偿值。在设置长度补偿值时，应注意正、负号，如果改变了正、负号，则 G43 和 G44 在执行时会反向操作。因此，该命令有各种不同的表达方式。

3）刀具长度补偿是在与插补平面垂直的轴上进行的，建立或取消刀具长度补偿必须与 G00/G01 指令组合完成。

4）取消长度补偿用 G49 或 G43（G44）H00。实际加工中一般不使用 G49 指令，因为每把刀具都有自己的长度补偿值，换刀时，G43（G44）指令赋予了各自的刀具长度补偿值而自动取消了前一把刀具的长度补偿值。

H00 里的值永远为零，即补偿值为零，因此可以取消长度补偿。

3. 确定刀具长度补偿值的三种方式

刀具长度补偿值与 G54 指令中的 Z 值有关。

（1）用刀具的实际长度作为刀具长度补偿值　使用刀长作为补偿值就是使用对刀仪测量刀具的长度，然后把该数值输入刀具长度补偿寄存器中，作为刀具长度补偿值。此时，G54 中的 Z 值应为主轴回零后，主轴锥孔底面至工件上表面的距离（工件上表面一般为工件坐标系中 Z = 0 的面）。如图 6-12 所示，G54 中的 Z = - L，H01 = L1，H02 = L2，H03 = L3。

（2）以其中一把刀为标准刀具，其长度补偿值为 0　将实际刀具长度与标准刀具长度的差值作为该刀具的长度补偿值设置在 H 代码寄存器中，此时 G54 中的 Z 值应为主轴回零后，标准刀具刀尖到工件上表面的距离。如图 6-12 所示，若以 1 号刀为基准刀具，则 G54 中的 Z = - N1，H01 = 0，H02 = L2 - L1，H03 = L3 - L1。若刀具长度比标准刀具长度长，则补偿值为正，反之，为负。

（3）将每把刀具到工件坐标系原点的距离作为各把刀的刀具长度补偿值　采用该方式，取消刀补时指令 Z 值只能为负或 0，否则刀具会超出机床工作行程。

该值一般为负，此时 G54 中的 Z 值为 0。如图 6-12 所示，G54 中的 Z = 0，H01 = - N1，H02 = - N2，H03 = - N3。

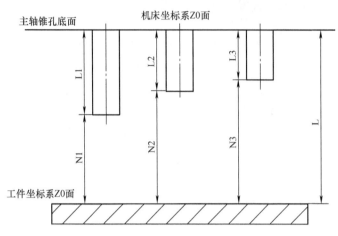

图 6-12　刀具长度补偿值的确定方法

（二）固定循环指令

数控加工中，某些加工动作循环已经典型化。例如，钻孔、镗孔、铰孔等的动作过程是孔位平面定位、快速进给、工作进给、快速返回等，数控系统中已将这样的加工动作预先编好程序并存在内存中，可用包含 G 代码的程序段对其进行调用，从而简化编程工作。这种包含了典型动作循环的 G 代码称为循环指令。

1. 孔加工固定循环动作过程

如图 6-13 所示，孔加工循环由以下六个动作组成：

动作 1：XY 平面定位，使刀具快速定位到孔加工位置。

动作 2：快进到参考平面 R 平面。

动作 3：孔加工，刀具以切削进给的方式执行孔加工动作。

动作 4：孔底动作，包括进给暂停、主轴准停、主轴反转等。

动作 5：刀具快速返回 R 平面。

动作 6：刀具快速返回初始平面。

初始平面：为保证安全下刀而规定的一个平面，可以设定在任意一个安全高度上，当使用同一把刀具加工多个孔时，刀具在初始平面内进行任意移动时都不会与夹具、工件凸台等发生碰撞。

R 平面：也叫参考平面，是刀具下刀时，自快进转为工进的高度平面，其与工件表面之间的距离一般为孔加工导入量。

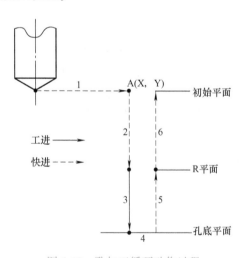

图 6-13　孔加工循环动作过程

孔底平面：加工不通孔时，孔底平面是位于孔底的 Z 轴高度；加工通孔时，除了要考虑孔底平面的位置外，还要考虑刀具的超越量，以保证所有孔深都加工到要求尺寸。

2. 孔加工固定循环指令

孔加工固定循环指令见表6-8所示，其通用编程格式为

G90（G91）G98（G99）G73 ~ G89 X ＿＿ Y ＿＿ Z ＿＿ R ＿＿ P ＿＿ Q ＿＿ F ＿＿ K ＿＿；

表 6-8　孔加工固定循环指令

G 代码	加工运动 （Z 轴负向）	孔底动作	返回运动 （Z 轴正向）	应　用
G73	间隙进给		快速移动	高速深孔钻削循环
G74	切削进给	主轴停止→主轴正转	切削进给	攻左螺纹循环
G76	切削进给	主轴定向停止	快速移动	精镗孔循环
G80				固定循环取消
G81	切削进给		快速移动	钻孔循环
G82	切削进给	暂停	快速移动	沉孔钻削循环
G83	间隙进给		快速移动	深孔钻削循环
G84	切削进给	主轴停止→主轴反转	切削进给	攻右螺纹循环
G85	切削进给		切削进给	铰孔循环
G86	切削进给	主轴停止	快速移动	镗孔循环
G87	切削进给	主轴停止	快速移动	背镗孔循环
G88	切削进给	暂停→主轴停止	手动操作	镗孔循环
G89	切削进给	暂停	切削进给	镗孔循环

其中，G90/G91：绝对编程或相对编程，如图 6-14 所示。

G98/G99：选择返回平面指令。G98 表示孔加工完后返回初始平面，G99 表示孔加工完后返回参考平面，如图 6-15 所示。

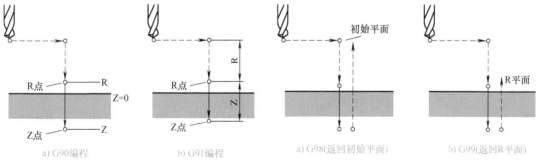

　　　a) G90编程　　　　　　　b) G91编程　　　　　　a) G98(返回初始平面)　　　b) G99(返回R平面)

图 6-14　G90/G91 编程　　　　　　　　图 6-15　G98/G99

G73 ~ G89：孔加工方式，如钻孔、镗孔等。

X、Y：孔位置坐标。

Z：孔底坐标，G90 时为孔底的绝对坐标，G91 时为从 R 平面到孔底的距离。

R：R 平面坐标，G90 时为 R 平面的绝对坐标，G91 时为从初始平面到 R 平面的距离。

P：孔底暂停时间（ms）；

Q：只在 G73、G83、G76 和 G87 四个指令中使用，在 G73 和 G83 中是指每次下刀的深

度，在 G76 和 G87 中是指让刀量。

　　F：孔加工进给速度。

　　K：加工孔的重复次数。

　　（1）钻孔循环指令 G81、G82、G73、G83

　　1）G81 指令。主要用于中心钻加工中心孔和一般孔加工，其动作过程如图 6-16 所示，编程格式为

　　　G81 X__ Y__ Z__ R__ F__ K__；

　　2）G82 指令。主要用于不通孔钻孔加工或反镗孔，动作过程与 G81 指令相似，不同之处在于 G82 指令在孔底有进给暂停动作，如图 6-17 所示。G82 指令的编程格式为

　　　G82 X__ Y__ Z__ R__ P__ F__ K__；

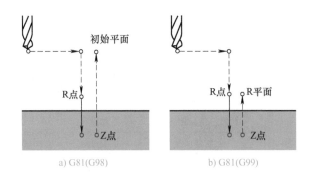

图 6-16　G81 指令动作过程

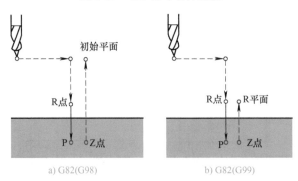

图 6-17　G82 指令动作过程

　　3）G73 指令。主要用于深孔高速加工，钻孔时采用间断进给，有利于断屑和排屑。其动作过程如图 6-18 所示，其中，d 为退刀量，其值由系统参数设定。G73 指令的编程格式为

　　　G73 X__ Y__ Z__ R__ Q__ F__ K__；

　　4）G83 指令。主要用于深孔加工，与 G73 指令不同的是，每次刀具间断进给时后退到 R 平面。其中，d 为刀具间断进给每次下降时由快进转为工进的那一点与前一次切削进给下降的点之间的距离，其值由系统参数设定。G83 指令

的编程格式为

G83 X__ Y__ Z__ R__ Q__ F__ K__;

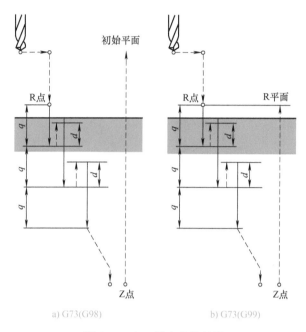

a) G73(G98)   b) G73(G99)

图 6-18 G73 指令动作过程

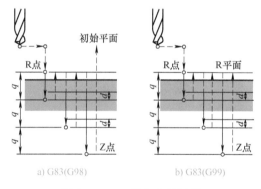

a) G83(G98)   b) G83(G99)

图 6-19 G83 指令动作过程

（2）攻螺纹循环指令 G74、G84

1）G74 指令。用于加工左旋螺纹孔，攻螺纹进给时主轴反转切入，退出时正转，动作过程如图 6-20 所示。其编程格式为

G74 X__ Y__ Z__ R__ P__ F__;

2）G84 指令。用于加工右旋螺纹孔，动作过程与 G74 指令相同，只是攻螺纹进给时主轴正转切入，退出时反转，其编程格式也与 G74 指令相同。

（3）镗孔循环指令 G76、G85、G86、G87、G88、G89

1）G76 指令。精镗孔循环指令，镗削至孔底时，主轴停止在定向位置上，即准停，然

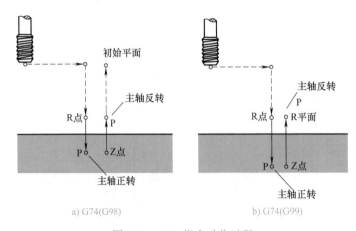

a) G74(G98) b) G74(G99)

图 6-20　G74 指令动作过程

后使刀尖偏移离开加工表面后再退刀，动作过程如图 6-21 所示。这样可以高精度、高效率地完成孔加工而不损伤工件已加工表面。G76 的编程格式为：

G76 X__ Y__ Z__ R__ Q__ P__ F__ K__;

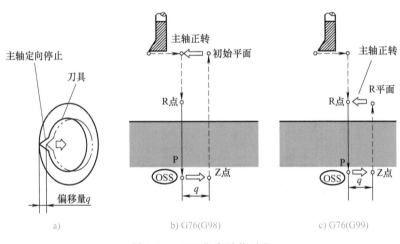

a) b) G76(G98) c) G76(G99)

图 6-21　G76 指令动作过程

2）G85 指令。粗镗孔循环指令，其动作过程如图 6-22 所示，编程格式为

G85 X__ Y__ Z__ R__ F__ K__;

3）G86 指令。快速粗镗孔循环指令，其动作过程如图 6-22 所示，它与 G85 指令的区别是加工到孔底时，主轴停止并快速退出。其编程格式为

G86 X__ Y__ Z__ R__ F__ K__;

4）G87 指令。反镗孔循环指令，其动作过程如图 6-23 所示，刀具运动到起点 1 后，主轴准停，刀具沿刀尖的反方向偏移 q 值到 2 点，然后快速运动到孔底位置 3 点（R 点），接着沿刀尖正方向偏移回 4 点，主轴正转，刀具向上进给运动到 R 平面 5 点，主轴再次准停，刀具沿刀尖的反方向偏移 q 值到 6 点，快退到 2 点，

接着沿刀尖正方向偏移到 1 点，主轴正转，本次加工循环结束。采用这种循环方式时，只能让刀具返回初始平面而不能返回 R 平面，因为 R 平面低于 Z 点平面。其编程格式为

G87 X__ Y__ Z__ R__ Q __ F__ K__;

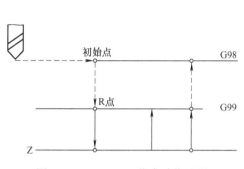

图 6-22　G85、G86 指令动作过程

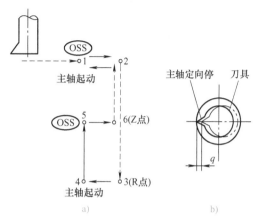

图 6-23　G87 指令动作过程

5）G88 指令。粗镗孔循环指令，其动作是工进到孔底→暂停→主轴停止→手动退出，如图 6-24 所示。其编程格式为

G88 X__ Y__ Z__ R__ P__ F__ K__;

6）G89 指令。粗镗孔循环指令，用于加工阶梯孔，其动作过程与 G85 相似，不同的是 G89 指令加工到孔底后进给暂停，如图 6-25 所示。其编程格式为：

G89 X__ Y__ Z__ R__ P__ F__ K__;

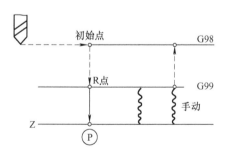

图 6-24　G88 指令动作过程

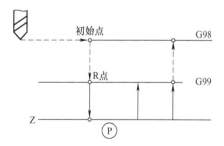

图 6-25　G89 指令动作过程

（4）固定循环取消指令 G80　用于取消所有固定循环指令，消除 Z、R 点及孔加工数据。此外，G00、G01、G02/G03 也可以取消固定循环。

3. 使用孔加工固定循环指令时的注意事项

1）孔加工固定循环指令是模态指令，一旦建立便一直有效，直到被新的加工方式代替或被取消；孔加工数据也是模态值。

2）孔加工固定循环必须在主轴起动后使用。

3）在孔加工固定循环中，刀具长度补偿指令在刀具至 R 平面时生效。

4）当孔加工固定循环指令和 M 代码在同一个程序段中时，先执行 M 指令，后执行固定循环指令。

例 6-1　编程加工图 6-26 所示工件，各切削用量自定。

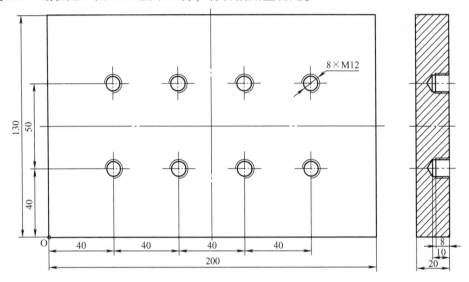

图 6-26　例 6-1 图

根据图 6-26，确定零件加工工序为钻孔→攻螺纹。钻孔时的切削用量：主轴转速为 1000r/min，进给速度为 100mm/min；攻螺纹时的切削用量：主轴转速为 600r/min，进给速度为 50mm/min。钻孔刀具选择 $\phi 10$mm 的钻头，攻螺纹刀具选择 $\phi 12$mm 的丝锥。参考程序见表 6-9。

表 6-9　例 6-1 参考程序

程　　序		注　　释
O0061；		程序名
N10	G54 G90 G40 G80 G49 G94；	设置初始环境
N20	G91 G28 Z0.；	回参考点
N30	M06 T1；	换 1 号刀
N40	G90 G00 Z50.；	确定刀具 Z 向位置
N50	M03 S1000.；	起动主轴，设定主轴转速为 1000r/min
N60	G00 Z10.；	
N70	G99 G81 X-60. Y25. Z-10. R3. F100.；	
N80	G91 X40.；	
N90	X40.；	
N100	X40.；	
N110	G90X-60. Y-25.；	G81 循环钻光孔
N120	G91 X40.；	
N130	X40.；	
N140	G98 X40.；	

（续）

程　　　序		注　　　释
N150	G80 Z10. ;	取消钻孔固定循环
N160	G90 G28 Z30. ;	回参考点
N170	M05;	
N180	M06 T2;	换 2 号刀
N190	M03 S600. ;	
N200	G00 G43 Z10. H02;	建立 2 号刀长度补偿
N205	G99 G84 X - 60. Y25. Z - 8. R3. F50. ;	
N210	G91 X40. ;	
N220	X40. ;	
N230	X40. ;	G84 循环攻螺纹
N240	G90 X - 60. Y - 25. ;	
N250	G91 X40. ;	
N260	X40. ;	
N270	G98 X40. ;	
N280	G80 Z10. ;	取消攻螺纹循环
N290	G49 Z20. ;	取消刀具长度补偿
N300	G90 G28 Z30. ;	回参考点
N310	M05;	主轴停
N320	M30;	程序结束

例 6-2　编程加工图 6-27 所示工件，各切削用量自定。

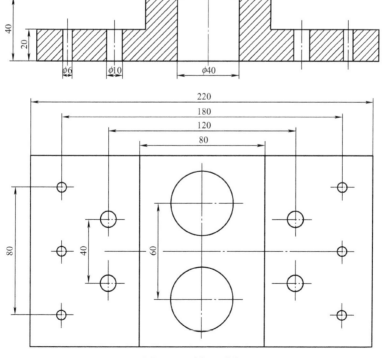

图 6-27　例 6-2 图

根据图 6-27 确定该零件加工顺序为粗、精铣凸台→中心钻钻孔→钻 ϕ6mm 孔→钻 ϕ10mm 孔→钻 ϕ40mm 孔。粗、精铣凸台刀具选择 ϕ50mm 的铣刀；钻孔包具包括 ϕ3mm 的中心钻，ϕ6mm、ϕ10mm、ϕ40mm 的钻头。粗铣和钻孔时的主轴转速为 800r/min，进给速度为 100mm/min；精铣时的主轴转速为 1000r/min，进给速度为 50mm/min。设定 1 号刀为中心钻，2 号刀为 ϕ6mm 钻头，3 号刀为 ϕ10mm 钻头，4 号刀为 ϕ40mm 镗刀，5 号刀为 ϕ50mm 铣刀。参考程序见表 6-10。

表 6-10　例 6-2 参考程序

程　　序		注　　释
O0062；		程序名
N10	G54 G90 G40 G80 G49 G94；	设置初始环境
N20	G91 G28 Z0.；	回参考点
N30	M06 T5；	换 5 号刀
N40	G90 G43 G00 Z10. H05；	建立 5 号刀长度补偿
N50	M03 S800.；	起动主轴，设定主轴转速为 800r/min
N60	G00 X87. Y−90.；	粗、精铣长度为 80mm 的凸台
N70	G01 Z−20. F100.；	
N80	Y90.；	
N90	X87.；	
N100	Y−90.；	
N110	G00 Z5.；	
N120	S1000.；	
N130	G01 Z−20. F100.；	
N140	G41 X−40. D05；	
N150	Y90.；	
N160	X40.；	
N170	Y−90.；	
N180	G00 Z10.；	
N190	G40 X0. Y0.；	取消 5 号刀半径补偿
N200	G91 G28 Z0.；	回参考点
N210	M05；	
N220	M06 T1；	换 1 号中心钻
N230	G90 G43 G00 Z10. H01；	建立 1 号刀长度补偿
N240	M03 S800.；	

（续）

程　　序		注　　释
N250	G99 G81 X-90. Y40. Z-23. R3. F100. ;	钻中心孔（12个）
N260	G91 Y-40. ;	
N270	Y-40. ;	
N280	G90 X-60. Y20. ;	
N290	G98 G91 Y-40. ;	
N300	G99 G90 X0. Y30. Z-3. ;	
N310	Y-30. ;	
N320	X60. Y20. Z-23. ;	
N330	Y-20.	
N340	X90. Y40.	
N350	G91 Y-40.	
N360	Y-40.	
N370	G80 G00 Z10.	取消钻孔固定循环
N380	G28 Z0.	
N390	M05	
N400	M06 T2	换2号刀
N410	G90 G43 G00 Z10. H02	建立2号刀长度补偿
N420	M03 S800.	
N430	G99 G81 X-90. Y40. Z-43. R3. F100.	钻 φ6mm 的孔
N440	G91 Y-40.	
N450	G98 Y-40.	
N460	G99 G90 X90. Y40.	
N470	G91 Y-40.	
N480	G98 Y-40.	
N490	G80 G00 Z10.	取消钻孔固定循环
N500	G28 Z0.	
N510	M05	
N520	M06 T3	换3号刀
N530	G90 G43 G00 Z10. H03	建立3号刀长度补偿
N540	M03 S800.	
N550	G99 G81 X-60. Y20. Z-43. R3. F100.	钻 φ10mm 的孔
N560	G98 Y-20.	
N570	G99 X60. Y20.	
N580	G98 Y-20.	
N590	G80 G00 Z10.	取消钻孔固定循环
N600	G91 G28 Z0.	回参考点

（续）

程　序		注　释
N610	M05	
N620	M06 T4	换 4 号刀
N630	G90 G43 G00 Z10. H04	建立 4 号刀长度补偿
N640	M03 S800.	
N650	G99 G85 X0. Y30. Z－43. R3. F100.	镗 φ40mm 的孔
N660	G98 Y－30.	
N670	G80 G00 Z10.	取消镗孔固定循环
N680	G49 Z20. ;	取消刀具长度补偿
N690	G91 G28 Z0.	回参考点
N700	M05 ;	主轴停
N710	M30 ;	程序结束

【任务实施】

运用相关编程指令编制法兰盘数控加工程序，见表 6-11。

表 6-11　法兰盘数控加工程序单

法兰盘数控加工程序单				程序号		O0006
零件号	XMLJ06	零件名称	法兰盘	编制		审核
程序段号	程序段			注释		
N05	G54 G17 G40 G49 G94 G80 ;			初始化程序		
N10	G91 G28 Z0. ;			回参考点		
N20	T1 M6 ;			换 1 号刀		
N30	M03 S1273. ;			起动主轴，设定主轴转速为 1273r/min		
N40	G90 G43 G00 Z50. H01 ;			建立 1 号刀长度补偿		
N50	X－40. Y－100. ;			移动刀具到 1 点		
N60	Z3. ;					
N70	G01 Z－4.9 F191. ;			进给到切削深度，留精加工余量		
N80	G41 Y－50. D01 ;			建立 1 号刀粗加工刀补，左补偿		
N90	Y45. ;			粗加工圆柱凸台		
N100	X40. ;					
N110	Y－45. ;					
N120	X－60. ;					
N130	Y32.5 ;					
N140	X0. ;					
N150	G02 J32.5 ;					
N160	G01 X33. ;					
N170	Y－33. ;					
N180	X－60. ;					

（续）

法兰盘数控加工程序单					程序号		O0006
零件号	XMLJ06	零件名称	法兰盘	编制		审核	

程序段号	程序段	注释
N190	G00 Z50. ;	提刀
N200	G40 X0. Y0. ;	取消 1 号刀半径补偿
N210	M03 S1591. ;	设定主轴转速为 1591r/min
N220	G00 X - 60. Y32.5;	
N230	Z5. ;	
N240	G01 Z - 5. F159. ;	进给到切削深度
N250	G41 X - 50. D02;	建立 1 号刀精加工刀补，左补偿
N260	G01 X0. ;	精加工圆柱凸台
N270	G02 J - 32.5;	
N280	G01 X60. ;	
N290	G00 G49 G91 G28 Z50. ;	取消 1 号刀长度补偿
N300	G40 X0. Y0. ;	取消 1 号刀半径补偿
N310	M05;	换 2 号刀
N320	G91 G28 Z0. ;	
N330	T2 M6;	
N340	M03 S2000. ;	
N350	G90 G43 G00 Z50. H02;	建立 2 号刀长度补偿
N360	X - 40. Y47.5;	定位到第一个孔位置
N370	G99 G81 Z - 6.5 R3. F60. ;	钻孔循环，返回 R 平面
N380	X - 30. ;	钻中心孔
N390	X - 20. ;	
N395	X - 10. ;	
N400	X0. ;	
N410	X10. ;	
N415	X20. ;	
N420	X30. ;	
N430	X40. ;	
N440	G98 Y0. ;	钻孔循环，返回初始平面

（续）

法兰盘数控加工程序单				程序号		00006
零件号	XMLJ06	零件名称	法兰盘	编制	审核	
程序段号	程序段			注释		
N450	G99 X - 40. ;					
N460	Y - 47. 5 ;					
N470	X - 30. ;					
N480	X - 20. ;					
N490	X - 10. ;					
N500	X0. ;					
N510	X10. ;					
N520	X20. ;					
N525	X30. ;					
N530	G98 X40. ;			钻中心孔		
N540	G99 G81 X0. Y18. Z - 1. 5 R3. F60. ;					
N550	X12. 7504 Y12. 7054. ;					
N560	X18. Y0. ;					
N570	X12. 7279 Y - 12. 7279 ;					
N580	X0. Y - 18. ;					
N590	X - 12. 7279. Y - 12. 7279. ;					
N600	X - 18. Y0. ;					
N610	X - 12. 7054 Y12. 7504 ;					
N620	X0. Y0. ;					
N630	G80 G49 G91 G28 Z20. ;			取消钻孔循环，取消 2 号刀长度补偿		
N640	M05 ;					
N650	G91 G28 Z0. ;			换 3 号刀		
N660	T3 M6 ;					
N670	M03 S1591. ;					
N680	G90 G43 G00 Z50. H03 ;			建立 3 号刀长度补偿		
N690	X - 40. Y47. 5 ;					
N700	G99 G81 Z - 23. R3. F127. ;					
N710	X - 30. ;					
N720	X - 20. ;			运用钻孔循环钻 28 个 ϕ4mm 孔		
N730	X - 10. ;					
N740	X0. ;					
N750	X10. ;					
N760	X20. ;					

（续）

法兰盘数控加工程序单				程序号		00006
零件号	XMLJ06	零件名称	法兰盘	编制		审核
程序段号	程序段				注释	
N770	X30. ;					
N780	X40. ;					
N790	G98 Y0. ;					
N800	G99 X - 40. ;					
N810	Y - 47. 5;					
N820	X - 30. ;					
N830	X - 20. ;					
N840	X - 10. ;					
N850	X0. ;					
N860	X10. ;					
N870	X20. ;				运用钻孔循环钻28个 ϕ4mm 孔	
N880	X30. ;					
N890	G98 X40. ;					
N900	G99 G81 X0. Y18. Z - 10. R3. F127. ;					
N910	X12. 7504 Y12. 7054. ;					
N920	X18. Y0. ;					
N930	X12. 7279 Y - 12. 7279;					
N940	X0. Y - 18. ;					
N950	X - 12. 7279. Y - 12. 7279. ;					
N960	X - 18. Y0. ;					
N970	X - 12. 7054 Y12. 7504;					
N980	G80 G49 G91 G28 Z20. ;				取消钻孔循环，取消3号刀长度补偿	
N990	M05;					
N1000	G91 G28 Z0. ;				换4号刀	
N1010	T4 M6;					
N1020	M03 S424. ;					
N1030	G90 G43 G00 Z50. H04;				建立4号刀长度补偿	
N1040	X0. Y0. ;				钻 ϕ15mm 的孔	
N1050	G98 G81 Z - 23. R3. F127. ;					
N1060	G80 G49 G91 G28 Z20. ;				取消钻孔循环，取消4号刀长度补偿，返回参考点	
N1070	M05;				主轴停	
N1080	M30;				程序结束	

【任务考核】

任务 6.2 评价表见表 6-12，采用得分制，本任务在课程考核成绩中的比例为 5%。

表 6-12　任务 6.2 评价表

评价内容	评分标准	配分
出　勤	出勤考核，每次 5 分，本任务共考核 3 次，缺课、迟到、早退均不得分	15
学习态度	设合格、不合格两个等级，共考核 5 次，凡出现在课堂上讲话、玩手机、看小说等破坏课堂纪律行为的均为不合格，合格者每次课得 3 分	15
任务资讯	将提交的资讯材料，分为优、良、合格、不合格四个等级，各等级分值比例分别为 100%、80%、60%、40%	30
任务实施	将提交的凸模程序单，分为优、良、合格、不合格四个等级，各等级分值比例分别为 100%、80%、60%、40%	25
任务总结	总结材料能反映任务实施过程、任务成果、个人工作，设合格、不合格两个等级，各等级分值比例分别为 100%、0%	5
职业素质	考察任务独立完成度、职业道德、主动性、合作性等	10

【任务总结】

本任务主要讲解了刀具长度补偿指令、固定循环指令的功能，编制了法兰盘数控加工程序。

课后习题

1. 刀具长度补偿指令有哪些？编程格式是什么？
2. 刀具长度补偿方式有哪些？
3. 孔加工固定循环指令有哪些？其动作过程是什么？

任务 6.3　法兰盘数控仿真加工

【任务目标】

通过本任务的实施，进一步掌握数控加工中心的仿真加工方法，能进行换刀、对刀操作，能完成法兰盘的数控仿真加工。

【任务实施】

法兰盘数控仿真加工过程如下。

（一）开机床

1）单击开始菜单中的【数控加工仿真系统】，启动【仿真加工系统】对话框，单击【快速登录】进入系统。

2）单击工具栏上的 按钮，打开【选择机床】对话框，控制系统和机床类型分别选择"FANUC""FANUC 0i""立式加工中心""北京第一机床厂 XKA714/B"，选择完成后单击【确定】按钮完成机床的选择。

3）查看急停按钮 是否按下，如果是按下状态，则单击，使其呈松开状态 。

4）单击 按钮，起动机床，此时 上方的指示灯亮。

（二）回零

开机后回零，即回参考点，具体方法见项目五。

（三）安装工件、刀具

1）单击工具栏上的 按钮，打开【定义毛坯】对话框，如图 6-28 所示，定义毛坯名为"法兰盘"，材料选择 45 钢，输入合适的工件尺寸，单击【确定】，完成毛坯的定义。

2）单击工具栏上的 按钮，打开【选择夹具】对话框，如图 6-29 所示，在【选择零件】后的下拉列表里选择已定义毛坯"法兰盘"，在【选择夹具】后的下拉列表里选择"平口钳"，单击【向上】【向下】按钮调整工件的位置，合适后单击【确定】按钮。

图 6-28　【定义毛坯】对话框

3）单击工具栏上的 按钮，打开【选择零件】对话框，如图 6-30 所示，选择法兰盘毛坯，单击【安装零件】按钮，完成零件的装夹。

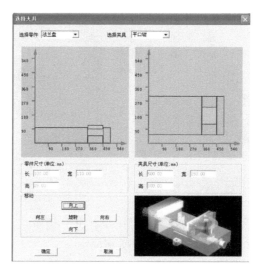

图 6-29　【选择夹具】对话框

4）本项目一共用到四把刀，铣削圆柱凸台的 $\phi20$mm 立铣刀、$\phi3$mm 的中心钻、$\phi4$mm

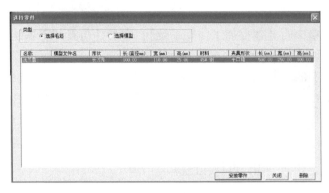

图 6-30　【选择零件】对话框

的钻头和 ϕ15mm 的钻头。

单击工具栏上的 按钮,打开【选择铣刀】对话框,如图 6-31 所示。在【所需刀具直径】后的文本框内输入第一把立铣刀的直径"20",按【Enter】键后系统中所有直径为20mm 的铣刀将全部列在【可选刀具】下,根据加工需要选择刀具总长为 130mm、刃长为14.50mm、切削刃为 2 的平底刀,所选刀具会出现在【已经选择的刀具】列表框中。用同样的方法分别选择 ϕ3mm 的中心钻、ϕ4mm 的钻头和 ϕ15mm 的钻头,选好后单击【确认】,完成刀具的安装,如图 6-32 所示。

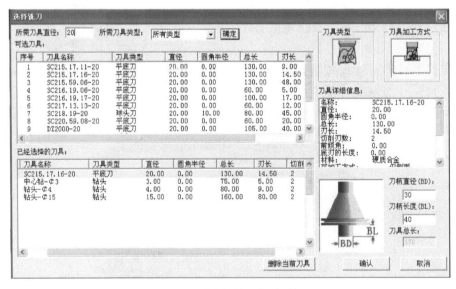

图 6-31　【选择铣刀】对话框

（四）对刀

本项目程序编制中既采用了刀具半径补偿指令,又采用了刀具长度补偿指令,故 Z 向对刀操作与项目五有所不同。

1. X、Y 向对刀

1）单击【机床】→【基准工具】或工具栏上的 按钮,弹出【基准工具】对话框,如图 6-33 所示,选择左边的刚性靠棒,单击【确定】后将刚性靠棒安装到主轴上。

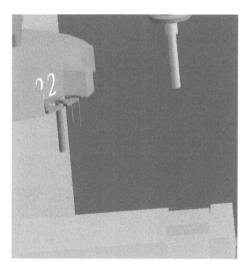

图 6-32　刀具安装完成

2）单击手动按钮，使其上方指示灯亮，切换到手动模式。

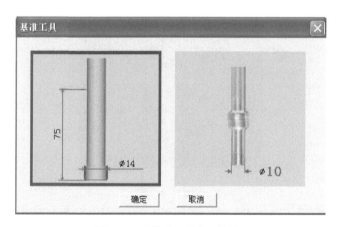

图 6-33　【基准工具】对话框

3）X 向对刀。单击 **POS** 按钮，使 CRT 界面上显示坐标值；单击 X 、 Y 、 Z 、 + 、 − 等按钮，配合动态旋转、动态平移、前视图、左视图、俯视图等工具，将刀具移动到工件附近，如图 6-34 所示。

4）单击【塞尺检查】→1mm，在基准工具和工件之间插入厚度为 1mm 的塞尺，如图 6-35 所示。

5）单击 按钮、 按钮，显示图 6-36 所示的手轮，将坐标轴旋钮 置于 X 档，选择不同的进给倍率 ，在 上单击鼠标左、右键，移动刚性棒靠近工件，使提示信息对话框中出现"塞尺检查结果：合适"提示，记下 CRT 界面中的 X 坐标值 $X_1 = -257.000$。

6）将基准工具移到工件另一侧 X 方向，用上述方法使基准工具靠近工件，在提示信息为合适时记录 CRT 中的 X 坐标 $X_2 = -343.$，则 $X = (X_1 + X_2)/2 = -300.000$。

7）用同样的方法进行 Y 向对刀，对刀后 $Y = -215.000$，单击【塞尺检查】→【收回塞尺】，将塞尺收回，将 Z 轴抬高后单击【机床】→【拆除工具】，将基准工具拆除。

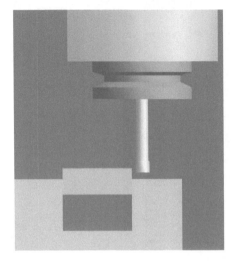

图 6-34　X 向对刀

图 6-35　塞尺检查

图 6-36　手轮

8）单击 $\boxed{\text{OFFSET}}$ 按钮三下，进入图 6-37a 所示界面，单击【坐标系】软键，进入图 6-37b 所示坐标系设定界面，将光标定位到 G54 中的 X、Y 文本框后，分别输入对刀数值 "X－300.000" "Y－215.000"，完成 X、Y 向对刀。

a)

b)

图 6-37　坐标系设定界面

2. Z 向对刀

1）建立换刀程序，在其中输入 "G91 G28 Z0.；" "T1 M6；" "G90 G54 G00 X0. Y0."，

将 1 号刀装到主轴上，并移到工件上方，选择 1mm 的塞尺插入刀具和零件之间，如图 6-38 所示，刀具下方为塞尺。

2）采用 X 向对刀的方法向下移动刀具，进行塞尺检查，当出现"塞尺检查结果：合适"的提示时，记下 CRT 上显示的 Z 坐标值 Z_1，则 Z = Z_1 − 塞尺厚度 = −439.000，该 Z 值即为 1 号刀长度方向补偿值。

3）用换刀程序分别将 2、3、4 号刀换到主轴上，进行 2、3、4 号刀的对刀，并记下对应的 Z 坐标。

（五）刀补输入

本项目编程中，铣削圆柱凸台时需要同时采用刀具半径补偿和刀具长度补偿功能，钻孔则只需考虑刀具长度补偿。

1. 刀具半径补偿输入

刀具半径补偿输入的步骤是：单击 █ 按钮，进入图 6-39 所示的【工具补正】界面，运用→←↑↓键将光标移到"001"番号后"形状（D）"文本框中，输入粗铣圆柱凸台半径补偿量"10.400"；然后将光标移到"002"番号后的"形状（D）"文本框中，输入精铣凸台半径补偿量"10.000"，完成刀具半径补偿输入。

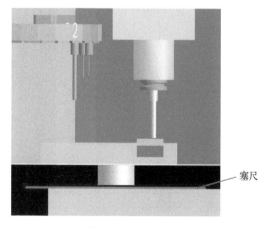

图 6-38　Z 向对刀

图 6-39　【工具补正】界面

2. 刀具长度补偿输入

刀具长度补偿输入的步骤是：单击 █ 按钮，进入图 6-39 所示的【工具补正】界面，运用→←↑↓键将光标移到"001"番号后的"形状（H）"文本框中，输入粗铣圆柱凸台长度补偿量"−439.000"；再将光标移到"002"番号后的"形状（H）"文本框中，输入 2 号刀中心钻的长度补偿量"−494.000"；然后将光标移到"003"番号后的"形状（H）"文本框中，输入 3 号钻头的长度补偿量"−489.000"；最后将光标移到"004"番号后的"形状（H）"文本框中，输入 4 号刀钻头的长度补偿量"−409.000"，完成刀具长度补偿输入。

注意：所选刀具的长度不同，对刀后的 Z 值也不同。本项目中以工件上表面为 Z 向对刀基点，故在 G54 坐标系中 Z 坐标为 0。如果以刀具长度为 Z 向对刀基准，则 G54 坐标系中的 Z 坐标为基准刀具的对刀值。

（六）程序输入

单击按钮【PROG】→【〉〉】进入程序编辑界面，单击软键【操作】→【▶】→【F检索】，在出现的对话框里找到保存的凸模记事本文件后单击【打开】按钮，回到程序编辑界面后单击软键【READ】，在数据输入区输入程序名"O0006"，单击【EXEC】，记事本文件中的法兰盘数控加工程序即被导入数控系统当前界面中，如图6-40所示。

（七）仿真加工

检查程序并确认无误后，将刀具回零，单击按钮【PROG】→【〉】→【［］】，进行程序的仿真加工。法兰盘仿真加工结果如图6-41所示。

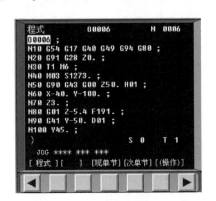

图6-40　程序输入界面

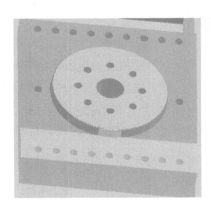

图6-41　法兰盘仿真加工结果

【任务考核】

任务6.3评价表见表6-13，采用得分制，本任务在课程考核成绩中的比例为5%。

表6-13　任务6.3评价表

评价内容	评分标准	配分
出　勤	出勤考核，每次5分，本任务共考核3次，缺课、迟到、早退均不得分	15
学习态度	设合格、不合格两个等级，共考核5次，凡出现在课堂上讲话、玩手机、看小说等破坏课堂纪律行为的均为不合格，合格者每次课得3分	15
任务资讯	将提交的资讯材料，分为优、良、合格、不合格四个等级，各等级分值比例分别为100%、80%、60%、40%	20
任务实施	将提交的法兰盘仿真加工图片，分为合格、不合格两个等级，各等级分值比例分别为100%、50%	35
任务总结	总结材料能反映任务实施过程、任务成果、个人工作，设合格、不合格两个等级，各等级分值比例分别为100%、0%	5
职业素质	考察任务独立完成度、职业道德、主动性、合作性等	10

【任务总结】

如果程序中运用了刀具长度补偿、刀具半径补偿功能，则对刀后要将刀具半径值和刀具长度对刀值存入数控装置补偿寄存器中，且 G54～G59 坐标系中的相应值置为 0。

课后习题

1. 刀具长度补偿值如何输入？
2. 刀具半径补偿值如何输入？粗、精加工时半径补偿值如何处理？

参 考 文 献

［1］刘蔡保．数控车床编程与操作［M］．北京：化学工业出版社，2009.

［2］唐利平．数控车削加工技术［M］．北京：机械工业出版社，2011.

［3］李柱．数控加工工艺及实施［M］．北京：机械工业出版社，2011.

［4］关雄飞．数控加工工艺与编程［M］．北京：机械工业出版社，2011.

［5］马海洋．基于FANUC系统数控机床实训教程［M］．天津：天津大学出版社，2010.

［6］严帅．数控车加工技术［M］．上海：上海科学技术出版社，2011.

［7］刘宏军．数控加工工艺与编程［M］．上海：上海科学技术出版社，2011.

［8］王骏，郑贞平．数控编程与操作［M］．北京：机械工业出版社，2009.

［9］朱明松．数控车床编程与操作项目教程［M］．北京：机械工业出版社，2008.

［10］邓健平，张若锋．数控编程与操作［M］．北京：机械工业出版社，2010.

［11］黄华．数控铣削编程与加工技术［M］．北京：机械工业出版社，2010.

［12］何平．数控加工中心操作与编程实训教程［M］．北京：国防工业出版社，2010.

［13］王亚辉．典型零件数控铣床/加工中心编程方法解析［M］．北京：机械工业出版社，2011.